养殖致富攻略·一线专家答疑丛书

肉牛健康养殖技术有问必答

田文霞　邢全福　主编

U0238548

中国农业出版社

图书在版编目（CIP）数据

肉牛健康养殖技术有问必答/田文霞，邢全福主编
.—北京：中国农业出版社，2017.1（2022.4重印）
（养殖致富攻略·一线专家答疑丛书）
ISBN 978-7-109-21837-6

Ⅰ.①肉…　Ⅱ.①田…②邢…　Ⅲ.①肉牛－饲养管理－问题解答　Ⅳ.①S823.9-44

中国版本图书馆 CIP 数据核字（2016）第 148715 号

中国农业出版社出版
（北京市朝阳区麦子店街 18 号楼）
（邮政编码 100125）
责任编辑　武旭峰　郭永立

三河市国英印务有限公司印刷　新华书店北京发行所发行
2017 年 1 月第 1 版　2022 年 4 月河北第 12 次印刷

开本：880mm×1230mm 1/32　印张：6.5
字数：180 千字
定价：20.00 元
（凡本版图书出现印刷、装订错误，请向出版社发行部调换）

编写人员

主　　编　田文霞　邢全福

副 主 编　武晋孝　宋志勇

编写人员（按姓名笔画排序）

田文霞　邢全福

刘　峥　成锦霞

宋志勇　张　敏

武晋孝　赵书平

赵基丽　范日明

程　隆　窦捷香

解跃雄

审 稿 人　张树方

本书有关用药的声明

　　兽医科学是一门不断发展的学科。标准用药安全注意事项必须遵守，但随着最新研究及临床经验的发展，知识也不断更新，因此治疗方法及用药也必须或有必要做相应的调整。建议读者在使用每一种药物之前，参阅厂家提供的产品说明书以确认推荐的药物用量、用药方法、所需用药的时间及禁忌等。兽医有责任根据经验和对患病动物的了解决定用药量及选择最佳治疗方案。出版社和作者对任何在治疗中所发生的对患病动物和/或财产所造成的伤害或损害不承担任何责任。

中国农业出版社

随着社会经济的快速发展和国民收入水平的迅速提高，人们的消费意识不断增强，膳食结构日益改善，牛产品已由营养品或奢侈品转化为生活必需品，牛产品的消费需求与日俱增；随着农村产业结构的战略性调整，养殖业成为农民增收的优势产业，这给养牛业的发展带来了良好的机遇；同时，人文素质的提高，消费观念的更新，健康、安全及环保意识的增强，使得养牛业面临新的挑战。激烈的市场竞争，有力地推进了养牛业的规模化、产业化进程，只有低成本经营、高水平运作，产品安全、优质、低价，方能占领市场，获取较大的经济效益，而有效地进行良种选择和防控疾病是规模化养殖场实现高产、低耗、优质、高效的关键措施。

为维护养牛业的健康发展，提高养牛技术人员、规模养牛户以及基层畜牧兽医工作者的技术水平和工作能力，我们组织有关人员编写了《肉牛健康养殖技术有问必答》一书，以期有助于读者在实践中科学养牛，提高牛产品的产量和质量，获取养牛生产的最大效益。

第一部分介绍优良牛种，结合生产实践介绍了国内外优质肉牛品种，阐述了肉牛繁育改良的重要性；第二部分介绍了肉牛饲料，详细地解答了肉牛饲料的种类、各种饲料营养成分的作用，以及在生产中如何合理选择商品肉牛饲料和选择饲料应该注意哪些事项等；在肉牛饲料加工、肉牛饲养育肥技术和肉牛疫病防制各部分，收集了近年来临床实践中肉牛饲料加工和肉牛育肥的新技术、肉牛临床常见疾病方面的最新文献资料，力求内容更充实、技术更先进，真正做到理论结合实际，具有较强的可操作性；另外，在肉牛养殖兽药投入环节更新了有关肉牛养殖禁用药、停药

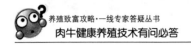

期的规定。

　　立足解难、创新，融新技术、新成果、新方法、新药物于一体，集健康养殖技术，疾病诊断、处置方法、药物应用、治疗技术于一书面向生产、面向市场，既适用于规模养牛场和专业养牛户饲养人员学习运用，也可供广大专业技术人员以及基层畜牧兽医工作者参考。

　　本书在编写过程中参考和引用了一些文件资料及相关书籍，在此谨向原作者和出版单位致谢。鉴于编写者水平有限，书中缺点和不妥之处在所难免，恳请读者批评指正。

编　者

目 录

5

五、肉牛主要疫病的防制

一、优良牛种

1. 世界上有哪些著名的肉牛品种?

肉牛品种是肉牛业发展的基础。20 世纪 70 年代以来,我国从国外先后引入 22 个肉牛品种和肉乳兼用品种。主要有英国的海福特牛、林肯牛、短角牛、安格斯牛,法国的夏洛来、利木赞牛、蒙贝利亚牛(西门塔尔牛支系,乳肉兼用品种),意大利的皮尔蒙特牛、契安尼娜牛,美国的婆罗门牛和圣格鲁迪牛,比利时的比利时蓝白牛,瑞士的西门塔尔牛(肉乳兼用品种)、褐牛(肉乳兼用),德国和奥地利的黄牛(肉乳兼用品种),荷兰的荷斯坦牛(乳肉兼用俗称小荷兰),日本和牛等,它们与我国的黄牛杂交都表现出良好的适应性和生产能力,这些引进品种对我国黄牛改良和肉牛产业发展起到了重要作用。

2. 夏洛来牛有哪些特点?

夏洛来牛原产于法国,是举世闻名的大型肉牛品种。

(1) 外貌特征 夏洛来牛体躯高大强壮,全身肌肉发达,被毛乳白色或浅乳黄色,皮肤常有色斑。头小而短宽,嘴端宽方,角中等粗细,向两侧或前方伸展,角色蜡黄。颈短粗,胸宽深,肋骨弓圆,腰宽背厚,臀部丰满,肌肉极发达,体躯呈圆筒形,后腿肌肉尤其丰厚,常形成"双肌"特征,四肢粗壮结实。公牛常有双鬐甲和凹背者。蹄色蜡黄,鼻镜、眼睑等为白色。成年夏洛来公牛体高 142 厘米,体长 180 厘米,胸围 244 厘米,管围 26.5 厘米,体重 1 140 千克;成年母牛相应体高、体长、胸围、管围和体重分别为 132 厘米、165 厘米、203 厘米、21 厘米、735 千克;初生公犊重 45 千克,初生母犊重42千克。

（2）**生产性能**　夏洛来牛以生长速度快、瘦肉产量高、肉量多、体型大、耐粗放、饲料转化率高而著称。在良好的饲养管理条件下，6月龄体重公犊234千克、母犊210.5千克，平均日增重公犊1 000～1 200克、母犊1 000克。12月龄体重公犊525千克、母犊360千克。屠宰率65%～70%，胴体产肉率80%～85%。母牛平均产奶量1 700～1 800千克，个别可达2 700千克，乳脂率4.0%～4.7%。青年母牛初次发情为396日龄，初配年龄17～20月龄。但是该品种存在难产率高（13.7%）的缺点，影响了推广。

（3）**与黄牛杂交效果**　20世纪70—80年代，我国曾由法国引进夏洛来牛，用其来改良我国本地黄牛和西杂牛取得了明显效果。表现为夏杂后代体格明显加大，增长速度加快，杂种优势明显，是较好的终端父本。

3. 利木赞牛有哪些特点？

利木赞牛原产于法国，属中型肉用品种。

（1）**外貌特征**　利木赞牛毛色以红黄为主，腹下、四肢内侧、眼睑、鼻周、会阴等部位色较浅，为白色或草白色，蹄为红褐色。头短，额宽，口方，角细呈白色，蹄壳琥珀色。体躯长，肋骨弓圆，背腰壮实，荐部宽大但略斜。肌肉丰满，前肢及后躯肌肉块尤其突出。在法国较好的饲养条件下，成年公牛体重1 200～1 500千克，体高140厘米；成年母牛体重600～800千克，体高131厘米。初生重公犊36千克，母犊35千克。

（2）**生产性能**　利木赞牛肉用性能好，生长快，尤其是幼年期，8月龄小牛就可以生产出具有大理石花纹的牛肉。牛肉品质好，瘦肉含量高，具有肉色鲜红、纹理细致、富有弹性、大理石花纹适中、脂肪为白色或带淡黄色、胴体体表脂肪覆盖率100%的特点。在良好的饲养条件下，公牛10月龄体重达408千克，12月龄达480千克。利木赞牛还具有较好的泌乳能力，成年母牛平均泌乳量1 200千克，个别可达4 000千克，乳脂率5%。

(3) 与我国黄牛杂交效果 我国数次从法国引入利木赞牛改良本地黄牛。利杂牛体型改善，肉用特征明显，生长强度增大，杂种优势明显。

4. 皮埃蒙特牛有哪些特点？

皮埃蒙特牛原产于意大利。是生产优质牛肉的专门化肉用品种，也是目前国际公认的终端父本。

(1) 外貌特征 体型较大，体躯呈圆筒状，肌肉发达。毛色为乳白色或浅灰色，鼻镜、眼圈、肛门、阴门、耳尖、尾帚为黑色，犊牛幼龄时毛色为乳黄色，后变为白色。成年公牛体重800～1 000千克，体高140厘米，体长170厘米，胸围210厘米，管围22厘米；成年母牛体重500～600千克，体高136厘米，体长146厘米，胸围176厘米，管围18厘米。初生重公犊42千克，母犊40千克。

(2) 生产性能 皮埃蒙特牛生长快，育肥期平均日增重1 500克。肉用性能好，屠宰率65%～70%，肉质细嫩，瘦肉含量高，胴体瘦肉率达84.13%，但难以形成大理石状肉。有较好的泌乳性能，年泌乳量达3 500千克。

(3) 与西杂母牛杂交效果 我国于1987年和1992年先后从意大利引进皮埃蒙特牛，对中国黄牛进行杂交改良工作。西杂母牛是20世纪70年代山西省引入西门塔尔牛与当地黄牛进行改良的品种。1998年山西省祁县畜牧局用皮埃蒙特牛冻精与西杂母牛进行三元杂交改良试验，获得了1 000多头杂种后代，显示出良好的效果。

5. 安格斯牛有哪些特点？

安格斯牛原产于英国，目前世界上大多数国家都有该品种牛。

(1) 外貌特征 安格斯牛以被毛黑色和无角为主要特征，故也称为无角黑牛。在美国有经过选育育成的红色安格斯牛。该牛体格低矮，体质紧凑、结实。头小而方，额宽，颈中等长且较厚，背线平直，腰荐丰满，体躯宽而深，呈圆筒形。四肢短而端正，全身肌肉丰满。皮肤松软，富弹性，被毛光泽而均匀，少数牛腹下、脐部和乳房部有白斑。成年体重公牛700～900千克，母牛500～600千克。犊牛初生重25～32千克。成年体高公牛130.8厘米，母牛118.9厘米。

（2）生产性能 安格斯牛早熟、易肥，胴体品质和产肉性能均高。具有良好的增重性能，哺乳期日增重约为1 000克。育肥牛屠宰率60％～65％。年平均泌乳量1 400～1 700千克，乳脂率3.8％～4.0％。母牛12月龄性成熟，18～20月龄初配。产犊间隔短，一般为12个月左右。连产性好，初生重小，难产极少。安格斯牛对环境的适应性好，耐粗饲，耐寒，性情温和，抗某些红眼病，但有时神经质，不易管理，其耐粗性不如海福特牛。在国际肉牛杂交体系中被认为是较好的母系。具有良好的肉用性能，被认为是世界上专门化肉牛的典型品种之一。

6. 西门塔尔牛有哪些特点？

西门塔尔牛原产于瑞士，属肉、乳、役兼用品种之一。

（1）外貌特征 毛色多为黄白花或淡红白花，头、胸、腹下、四肢、尾帚多为白色。体型高大，成年体重公牛1 000～1 200千克，母牛550～800千克，犊牛初生重30～45千克，成年体高公牛142～150厘米，母牛134～142厘米。后躯较前躯发达，中躯呈圆筒形。额与颈上有卷曲毛。四肢强壮，蹄圆厚。乳房发育中等，乳头粗大，乳静脉发育良好。

（2）生产性能 肉、乳兼用性能均佳，平均产乳量4 700千克以上，乳脂率4％。出生至1周岁平均日增重可达1.32千克，12～14月龄活重达540千克以上。较好饲养条件下屠宰率55％～60％，育肥后屠宰率达65％。耐粗饲、适应性强，有良好的放牧性能。四肢坚实，寿命长，繁殖力强。

（3）与我国黄牛的杂交效果 我国于1974年开始引入西门塔尔牛改良各地黄牛，都取得了显著的效果。据山西省和顺县畜牧局报道，西杂一代牛的初生重平均为33千克，本地牛为19千克；平均日增重西杂牛6月龄为608.1克、18月龄519.9克，本地牛相应为

368.9 克和 343.2 克。

在产奶性能上，全国商品牛基地县的统计资料显示，西杂牛泌乳期 207 天，泌乳量西杂一代、二代、三代分别为 1 818 千克、2 121.5千克和 2 230.5 千克。

在使役上，西杂牛性情温驯，易于调教和管理，周岁即可调教，比本地牛提前半年左右，同时具有行动灵敏、步幅大而稳健、持久力强的特点。

7. 日本和牛具有哪些特点？

日本和牛是日本从 1956 年起改良牛中最成功的品种之一，是由雷天号西门塔尔牛种公牛的改良后裔中选育形成的，是世界公认的优良肉用牛品种。和牛毛色以黑色为主，在乳房和腹壁有白斑。成年体重母牛约 620 千克、公牛约 950 千克。犊牛经 27 月龄育肥体重达700 千克以上，平均日增重 1.2 千克以上。第七八肋间眼肌面积达 52厘米。其特点是生长快、成熟早、肉质好。肉的大理石花纹明显，又称"雪花肉"。由于日本和牛的肉多汁细嫩、肌肉脂肪中饱和脂肪酸含量很低，风味独特，肉用价值极高，在日本被视为"国宝"，在欧洲市场售价也很高。

8. 晋南牛有哪些特点？

晋南牛产于山西省南部晋南盆地的运城地区，属大型役肉兼用品种，是我国五大黄牛良种之一。

(1) 外貌特征 公牛头中等长，额宽，鼻镜粉红色，顺风角为主，角型较窄，颈较粗短，垂皮发达，前胸宽阔，肩峰不明显臀端较窄，蹄大而圆，质地致密。母牛头部清秀，乳房发育较差，乳头细小。毛色以枣红为主，也有红色和黄色。成年公牛平均体重 650.2 千克，体高 139.7 厘米，体斜长 173.3 厘米，胸围 201.3 厘米，管围21.5 厘米；成年母牛平均体重 382.3 千克，体高 124.7 厘米，体斜长 147.5 厘米，胸围 167.3 厘米，管围 16.5 厘米。该品种公牛和母牛臀部都较发达，具有一定肉用外形。

（2）生产性能 成年牛育肥后屠宰率52.3%，净肉率43.4%。母牛9～10月龄开始发情，两岁配种，产犊间隔14～18个月，终身产犊7～9头。产乳量745千克，乳脂率5.5%～6.1%，公牛9月龄性成熟，成年公牛平均每次射精量为4.7毫升。遗传性稳定，适应性能良好，抗病力强，繁殖率高，耐劳、耐热、耐粗饲。目前主要向肉用方向改良，也可作为奶牛胚胎移植的优良受体。

9. 秦川牛有哪些特点？

秦川牛因产于陕西省渭河流域关中平原地区的"八百里秦川"而得名，属我国五大黄牛良种之一。

（1）外貌特征 秦川牛体质结实，骨骼粗壮，体格高大，结构匀称，肌肉丰满。毛色以紫红和红色为主（90%），黄色较少。鼻镜为肉红色。公牛头大额宽，母牛头清秀。口方，面平。角短而钝，向后或向外下方伸展。公牛颈短而粗，有明显的肩峰；母牛鬐甲低而薄。肩长而斜，胸部宽深，肋骨开张良好。背腰平宽广，长短适中，结合良好，荐骨隆起，后躯发育较差。四肢结实，前肢间距较宽，后肢飞节靠近。蹄圆大、多呈红色。缺点是牛群中常见有斜尻的个体。据2006年测定，成年公牛体重620.9千克，体高141.7厘米，体斜长160.5厘米，胸围203.4厘米，管围22.4厘米；母牛平均体重381.2千克，体高124.5厘米，体斜长140.35厘米，胸围170.84厘米，管围16.83厘米。

（2）生产性能 秦川牛具有育肥快、瘦肉率高、肉质细、大理石纹明显等特点。在中等饲养水平条件下，18月龄公、母牛和阉牛的宰前活重依次为436.9千克、365.6千克和409.8千克；平均日增重相应为0.7千克、0.55千克和0.59千克。公、母牛和阉牛的平均屠宰率58.28%，净肉率50.5%，胴体产肉率6.65%，骨肉比1：6.13，眼肌面积97.02厘米^2。泌乳期平均为7个月，产奶量715.79千克，平均日产奶量3.22千克。乳中含干物质16.05%，其中乳脂肪4.7%，蛋白质4%，乳糖6.55%，灰分0.8%。

秦川牛母牛的初情期为9月龄，发情周期为21天，发情持续期为 39 小时（范围 25～63 小时），妊娠期为 285 天，产后第一次发情为 53 天。公牛 12 月龄性成熟，初配年龄 2 岁。母牛可繁殖到 14～15 岁。

秦川牛适应性好，除热带及亚热带地区外，均可正常生长。性情温驯，耐粗饲，产肉性能好。目前，全国有 21 个省、自治区引入秦川牛，进行纯种繁育或改良当地黄牛，取得了良好的效果。

10. 南阳牛有哪些特点？

南阳牛产于河南省南阳地区白河和唐河流域的平原地区，以南阳、唐河、社旗、方城等 8 市、县为主产区。属中国五大黄牛良种之一。

(1) 外貌特征 南阳牛体格高大，结构匀称，体质结实，肌肉丰满。胸部深，背腰平直，肢势端正，蹄圆大。公牛头方正，角基较粗，以萝卜头角为主，颈短粗，前躯发达，肩峰高耸。母牛头清秀，角较细，颈单薄呈水平状，一般中后躯发育良好，乳房发育差。部分牛有斜尻。毛色以深浅不等的黄色最多（占 80.5%），红色、草白色较少。牛的面部、腹下和四肢下部毛色较浅。鼻镜多为肉色带黑点，黏膜多为淡红色。角有蜡黄色、青色和白色。蹄壳以黄蜡、琥珀色带血筋较多。成年公牛平均体重 716.5 千克，体高 153.8 厘米，体斜长 167.8 厘米，胸围 212.2 厘米，管围 21.6 厘米；成年母牛平均体重 463.4 千克，体高 134.0 厘米，体斜长 134.0 厘米，胸围 179.2 厘米，管围 17.5 厘米。

(2) 生产性能 南阳牛 18 月龄公牛平均屠宰率 55.6%，净肉率 46.6%；3～5 岁阉牛在强度肥育后，屠宰率 64.5%，净肉率 56.8%。眼肌面积 95.3 厘米^2。南阳牛肉质细嫩，大理石纹明显。母牛泌乳期 150～240 天，产奶量 600～800 千克，乳脂率 4.5%～7.5%，最高日产奶量 9.15 千克。

性成熟期为 8～11 月龄。据南阳地区黄牛研究所统计 483 头母牛，发情周期为 21 天（范围 17～25 天），发情持续期为 1～1.5 天。产后第一次发情平均为 77 天（范围 20～219 天），妊娠期平均为

291.6 天。怀母犊期较短，平均为 289.2 天；怀公犊比怀母犊长 4.4 天。2 岁初配，利用年限 5～9 年。

南阳牛具有适应性良好、耐粗饲、肉用性能好等特点，多年来已向全国 23 个省、自治区输送种牛改良当地黄牛，效果良好。

11. 鲁西牛有哪些特点？

鲁西牛原产于山东省西南部的菏泽市与济宁市，属中国五大黄牛良种之一。

(1) 外貌特征 体躯结构匀称，细致紧凑，具有较好的役肉兼用体型。公牛头大小适中，多平角或龙门角；母牛头狭长，角形多样，以龙门角较多。垂皮较发达。公牛肩峰高而宽厚，后躯发育较差，尻部肌肉不够丰满，体躯呈明显前高后低的前胜体型。母牛鬐甲较低平，后躯发育较好，背腰较短而平直，尻部稍倾斜，关节干燥，筋腱明显。前肢呈正肢势，后肢弯曲度小，飞节间距离小。鼻镜与皮肤多为淡肉红色，部分牛鼻镜有黑色或黑斑。角色蜡黄或琥珀色。骨骼细，肌肉发达。蹄质致密但硬度较差，不适于山地使役。被毛从浅黄到棕红色都有，以黄色量多。多数牛有完全或不完全的"三粉"特征（即眼圈、口轮、腹下与四肢内侧色淡）。成年公牛平均体重 644.4 千克，体高 146.3 厘米，体长 160.9 厘米，胸围 206.4 厘米，管围 21.0 厘米；成年母牛平均体重 365.7 千克，体高 123.6 厘米，体长 138.3 厘米，胸围 168.0 厘米，管围 16.2 厘米。

(2) 生产性能 鲁西牛产肉性能较高。据山东省菏泽地区畜牧站、菏泽黄牛场测定，在一般饲养条件下，日增重 0.5 千克以上，屠宰率 54.4%，净肉率 48.6%。18 月龄平均屠宰率为 57.2%，净肉率为 49%，眼肌面积 89.4 厘米^2，皮薄骨细，骨肉比为 1∶4.23。肉质细，脂肪分布均匀，大理石纹明显。

母牛成熟较早，一般 10～12 月龄开始发情，发情周期平均 22 天，发情持续期 2～3 天，妊娠期 285 天，产后第一次发情平均 35 天。1.5～2 岁初配，终生可产犊 7～8 头。

鲁西牛耐粗饲，性情温驯，易管理，适应性好。据报道，该牛耐寒力较弱，但有抗结核病及梨形虫病的特性。

12. 延边牛有哪些特点？

延边牛产于吉林省延边朝鲜族自治州，分布于吉林、辽宁、黑龙江等省，为中国五大黄牛良种之一。

(1) 外貌特征 延边牛属役肉兼用品种。体质粗壮结实，结构匀称。两性外貌差异明显。头较小，额部宽平。角间宽，角根粗，呈一字形或倒八字形。前躯发育比后躯好，颈短，公牛颈部隆起。鬐甲长平，背、腰平直，尻斜。四肢较高，关节明显，蹄质坚实。皮肤稍厚而有弹性，被毛长而柔软，毛色为深浅不同的黄色，其中黄色占74.8%，深黄色占16.3%，浅黄色占6.7%，其他毛色占2.2%。鼻镜一般呈淡褐色带有黑点。成年公牛平均体重480千克，体高130.6厘米，体斜长151.8厘米，胸围186.7厘米，管围19.9厘米；成年母牛平均体重380千克，体高121.8厘米，体斜长141.2厘米，胸围171.4厘米，管围16.7厘米。

(2) 生产性能 延边牛产肉性能良好，易育肥，肉质细嫩，呈大理石纹状结构。经180天育肥于18月龄屠宰的公牛，平均日增重813克，胴体重265.8千克，屠宰率57.7%，净肉率47.2%，眼肌面积75.8厘米^2。泌乳期约6个月，产奶量为500~700千克，乳脂率5.8%。

母牛8~9月龄初次发情，性成熟期母牛为13月龄，公牛为14月龄。母牛一般20~24月龄初配，发情周期平均20.5天，发情持续期平均20小时。

延边牛抗寒、抗病力强，耐粗饲，性情温驯，易育肥，产肉性能良好。

13. 夏南牛具有哪些特点？

夏南牛是我国以法国夏洛来牛为父本、以南阳牛为母本，采用杂交创新、横交固定和自群繁育三个阶段、开放式育种方法培育而成的肉用牛新品种。育成于河南省泌阳县，含夏洛来牛血 37.5%，含南阳牛血 62.5%，是中国第一个具有自主知识产权的肉用牛品种。

（1）外貌特征　夏南牛体质健壮，抗逆性强，性情温驯，行动较慢。毛色纯正，以浅黄、米黄色居多。公牛头方正，额平直，成年公牛额部有卷毛；母牛头清秀，额平稍长。公牛角呈锥状，水平向两侧延伸；母牛角细圆，致密光滑，多向前倾。耳中等大小；鼻镜为肉色。颈粗壮，平直。成年牛结构匀称，体躯呈长方形，胸深而宽，肋圆，背腰平直，肌肉比较丰满，尻部长宽平直。四肢粗壮，蹄质坚实，蹄壳多为肉色。尾细长。母牛乳房发育较好。

（2）生产性能　夏南牛具有饲养周期短、生长发育快、肉用性能好、耐粗饲和适应性强等特点。农村饲养管理条件下，公、母牛平均初生重 38 千克和 37 千克；18 月龄公牛体重达 400 千克以上，成年公牛体重可达 850 千克以上；24 月龄母牛体重达 390 千克，成年母牛体重可达 600 千克以上。20 头平均体重为（211.05±20.8）千克的夏南牛架子牛，经过 180 天的饲养试验，平均体重达（433.98±46.2）千克，日增重 1.11 千克。30 头平均体重（392.60±70.71）千克的夏南牛公牛，经过 90 天的集中强度育肥，平均体重达到（559.53±81.50）千克，日增重达（1.85±0.28）千克。未经育肥的 18 月龄夏南牛公牛屠宰率 60.13%，净肉率 48.84%，眼肌面积 117.7 厘米^2，熟肉率 58.66%，肌肉剪切力值 2.61，肉骨比 4.81：1，优质肉切块率 38.37%，高档牛肉率 14.35%。夏南牛初情期平均 432 天（最早 290 天），发情周期平均 20 天，初配时间平均 490 天，怀孕期平均 285 天，产后发情时间平均为 60 天，难产率 1.05%。

14. 延黄牛具有哪些特点？

延黄牛是继夏南牛之后，由农业部于 2008 年年初宣布培育成功的我国第二个肉用型牛品种，含延边牛血 75%，含利木赞牛血 25%。

（1）外貌特征　延黄牛骨骼坚实，体躯结构匀称，结合良好。公牛头较短宽，母牛头较清秀且尻部发育良好。全身被毛颜色均为黄红色或浅红色，股间色淡。公牛角较粗壮，平伸；母牛角细，多为龙门角。

（2）生产性能 平均初生重公牛 30.9 千克，母牛 28.8 千克。屠宰前短期育肥 18 月龄公牛平均宰前活重 432.6 千克，胴体重 255.7 千克，屠宰率 59.1%，净肉率 48.3%，日增重 0.8~1.2 千克。延黄牛肉用指数：成年公牛 5.66～6.76 千克/厘米，成年母牛 4.06～4.58 千克/厘米，分别超出了专门化肉用型牛 BPI 的底线值 5.60 和 3.90 千克/厘米。

15. 为什么要进行肉牛繁育改良？如何进行？

进行肉牛繁育改良是为了充分利用杂交优势。在肉牛业发达国家，95% 以上的牛肉是杂交牛生产的。注重品种选育，普遍实行经济杂交是肉牛业发达国家生产的一个特点，而另一明显特征就是全面利用杂交母牛来生产杂种肉用犊牛，这样既充分利用了个体杂交优势，又充分利用了母体杂交优势。杂交优势的系统利用可大幅度提高肉牛的生产力。

对于肉牛生产来说，最重要的杂交优势组合为个体杂交优势。国外育肥牛的屠宰年龄为 15～18 月龄，而断奶年龄为 6～7 月龄，可以看出，母牛对犊牛的影响约占犊牛生命的一半。因此，充分利用母牛杂交优势来提高生产力，充分利用个体杂交优势提高犊牛断奶后的生产性能，对肉牛养殖具有重要意义。

目前我国多采用西杂牛繁育体系对我国肉牛品种进行改良，即以我国黄牛为母本，利用其耐粗饲、母性好、适应性强的特点，选择乳肉兼用性的西门塔尔牛作为父本，生产 F1 代杂种牛，将 F1 代杂种牛中的母牛留下作为繁殖群体，公牛进行育肥。杂交一代杂种母牛具有西门塔尔牛较高产奶性能的特点，其泌乳性能好，其生产的后代犊牛可获得充足的奶量，生长发育速度较快。

二、肉牛饲料

16. 饲料中包含哪些营养成分？它们的作用是什么？

各种饲料中所含的营养成分种类和数量虽有所不同，但最主要的成分都必须具备。这些成分包括水分、粗蛋白质、粗脂肪、粗纤维、无氮浸出物、粗灰分及维生素等。为了便于了解各营养成分的性质，图解如下：

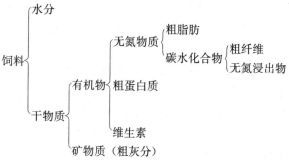

（1）**水分**　水分是牛生命活动中绝不可缺少的营养物质。牛对饲料中营养物质的消化、吸收、维持血液循环和调节体温等生理作用，都是靠体内水分参与才能进行的。各种饲料因种类、生长发育阶段不同而含水量不同，差异很大。青绿多汁饲料新鲜状态时一般含水分60％～95％，粗饲料含水分15％～20％，粮谷饲料含水分10％～15％。在养牛时，要根据喂给饲料含水量的多少，决定供给饮水量的多少。

（2）**粗蛋白质**　蛋白质是生命的物质基础，对保持生命、生长发育和繁衍后代等均有特殊作用。它不能用脂肪或碳水化合物等营养物质来代替。粗蛋白质包括真蛋白质（纯蛋白质）和氨化物（即非蛋白态的含氮化合物）两类。真蛋白质是由多种氨基酸组成的复杂化合物，是牛必需的营养物质。一些必需氨基酸如赖氨酸、苏氨酸、色氨酸等缺乏时，将会引起生长停滞、牛体虚弱。由于饲料种类不同，氨基酸的种类、数量及结合状态也不同，其营养价值也有差别。蛋白质的化学组成是由氮、碳、氢、氧、硫、磷等元素组成的，但氮素是蛋白质最主要和特有的成分，一般含量为 $15\%\sim17\%$。蛋白质还可以作为热能来源，当日粮中缺乏碳水化合物或脂肪时，一部分蛋白质在体内分解，以供应热能。分解产物多以尿素形式排出，损失热能较多，所以在搭配日粮时，应注意不要用过量的蛋白质饲料。

(3) 粗脂肪 粗脂肪中的中性脂肪（真脂肪）、磷脂、植物色素类、固醇类和挥发油等可用乙醚浸出，所以这些物质又称为乙醚浸出物。脂肪在谷物籽实和青粗饲料中含量较少，约在 6% 以下；而在豆科籽实中含量较高，约 18% 以上。脂肪在家畜体内分解后和碳水化合物一样，主要供给热能。单位重量产生的热能相当于碳水化合物的 2.25 倍，家畜虽然能利用蛋白质和碳水化合物合成脂肪，但需要由饲料中供给一定的数量，否则饲料消化率降低，影响生长。

(4) 粗纤维 粗纤维是纯纤维素、木质素、半纤维素（多缩戊糖、聚乙糖）和其他树脂类物质的结合物，是构成植物细胞壁的重要物质。秸秆饲料中含量较多，可达 40% 左右。粗纤维在特定酶的作用下才能被分解为低糖如葡萄糖被牛体利用。粗纤维可以增加饲料体积，在消化道中起填充容积作用，并能刺激胃肠蠕动，有利于粪便排泄，促进代谢机能的加强。各类饲料的粗纤维含量不同，秸秆饲料中高达 $30\%\sim45\%$，禾本科植物籽实中粗纤维含量较低，除燕麦外一般在 5% 以下，糠麸类饲料约 10%。动物性饲料不含粗纤维。牛对粗纤维消化能力较强，饲料中必需供给足量的粗纤维，才能保持其正常的消化生理功能。

(5) 无氮浸出物 无氮浸出物是指饲料中可溶性糖和淀粉，一般饲料中含量较高，特别是粮谷饲料。无氮浸出物主要是供给畜体热能，剩余部分转化为脂肪贮存于体内，另一部分转化为糖原（也称肝糖）贮存于肝脏和肌肉中。糖原可被分解为葡萄糖，最后燃烧成二氧化碳和水。在分解过程中，释放出热能以维持体温和生产之用。

(6) 矿物质（粗灰分） 饲料中的粗灰分主要有钙、磷、钠、氯、镁、铁、硫、碘、锰、铜、钴、锌等。饲料中粗灰分含量一般为1%～5%，但秸秆和树叶中的粗灰分含量高达15%左右。矿物质是构成牛体骨骼、组织、器官的重要物质，特别是磷和钙是构成骨骼、牙齿的主要成分。日粮中如果缺乏矿物质，或钙、磷比例不适当，就会使犊牛发生软骨症甚至瘫痪。此外，食盐是不可缺少的矿物质饲料，胃液中的盐酸是由食盐生成的，能调节胃内的酸碱度（pH），促进消化酶的活性，对改善饲料的适口性、提高消化率都有重要作用。

(7) 维生素 维生素在饲料日粮中的含量为20万至2亿分之一，它是保证家畜正常新陈代谢的一种活性物质，使畜体正常生活。如果饲料中缺乏某种维生素，就会使新陈代谢紊乱，引起各种维生素缺乏症。常用的维生素，根据其溶解性质，可分为脂溶性和水溶性两大类。脂溶性维生素主要有维生素 A、维生素 D、维生素 E、维生素 K等。水溶性维生素有维生素 B 族、维生素 C、尼克酸、泛酸、叶酸、生物素等。

17. 肉牛饲料的种类有哪些？市场上商品肉牛饲料有哪些类型？

(1) 肉牛饲料 肉牛饲料原料的种类非常多，按照来源可分为植物性饲料（玉米、豆饼等）、动物性饲料（骨粉、肉骨粉等）、矿物性饲料（石粉、磷酸氢钙等）等天然饲料及人工合成饲料（维生素、添加剂等）；按照形态分为固体饲料和液体饲料；按照饲料分类的国家标准可分成八大类，有粗饲料、青绿饲料、青贮饲料、能量饲料、蛋白质补充饲料、矿物质饲料、维生素饲料和饲料添加剂。

(2) 商品肉牛饲料 市场上商品肉牛饲料主要有三种，分别为精料补充料、浓缩料、添加剂预混料。肉牛场可根据不同场的生产条件选择不同种类的饲料。

①精料补充料 指为了补充以粗饲料、青饲料、青贮饲料为基础的食草动物的营养而用多种饲料原料按一定比例配制的饲料，也称混

合精料。主要由能量饲料、蛋白质饲料、矿物质饲料和部分饲料添加剂组成。这种饲料营养不全价，不单独构成饲粮，仅组成食草动物日粮的一部分，用以补充采食饲草不足的那一部分营养。即在牛采食青粗饲草及青贮饲料外，给予适量的精料补充料，可全面满足其对各种营养的需求。饲喂时必须与粗饲料、青饲料或青贮饲料搭配在一起。在变换基础饲草时，应根据生产及时调整给量。

②浓缩料　是将蛋白质饲料和矿物质饲料、维生素饲料等添加剂按照一定比例混合而成的饲料，换句话说浓缩料就等于预混料加蛋白饲料，它不能供给肉牛需要的全部营养物质，饲喂时需补加能量饲料。浓缩料具有使用方便的优点，适合于规模大尤其是自家有玉米等能量饲料的牛场使用。

③添加剂预混料　又称预混合饲料或预混料，是由一种或多种微量组分，包括各种微量矿物元素、各种维生素、合成氨基酸等营养性饲料添加剂，以及酶制剂、防霉剂、饲料调制剂、某些药物等各种非营养添加剂原料与载体或稀释剂，按要求配比并搅拌均匀混合后制成的中间型配合饲料产品。预混料是全价配合饲料的一种重要组分，一般它不能直接单独饲喂动物，必须与能量饲料、蛋白质饲料等按照一定比例混合之后成为全价饲料或混合精料才能使用。

18. 精饲料有哪些营养特点？怎样饲喂？

精饲料一般指容重大、纤维成分含量低（干物质中粗纤维含量低于18％）、可消化养分含量高的饲料。主要有禾谷类籽实（玉米、高粱、大麦等）、豆类籽实、饼粕类（大豆饼粕、棉籽饼粕、菜籽饼粕等）、糠麸类（小麦麸、米糠等）、草籽树实类、淀粉质的块根、块茎类（薯类、甜菜）、工业副产品（玉米淀粉渣、玉米胚芽渣、啤酒糟粕、豆腐渣等）、酵母类等饲料原料和多种饲料原料按一定比例配制的精料补充料。精饲料可消化营养物质含量高，体积小，粗纤维含量少，是饲喂肉牛的主要能量饲料和蛋白质饲料。

（1）禾本科籽实饲料
①营养特点：谷实类饲料干物质中以无氮浸出物（主要是淀粉）

为主，占干物质的70%～80%；粗纤维含量低，在6%以下；粗蛋白质含量在10%左右，蛋白质品质不高。因此，禾谷类籽实的生物学价值低，为50%～70%；脂肪含量少，为2%～5%，大部分在胚种和种皮内，主要是不饱和脂肪酸。钙的含量少，有机磷含量多，主要以磷酸盐形式存在，均不易被吸收。含有丰富的维生素B_1和维生素E，但禾谷类籽实中缺乏维生素D；除黄玉米外，均缺乏胡萝卜素。禾谷类籽实的适口性好，易消化，易保存。

②几种主要的禾本科籽实饲料。

A. 玉米：首先，玉米有效能值高。玉米的产奶净能7.70兆焦/千克，综合净能8.06兆焦/千克，是谷实饲料中的最高者。玉米的粗纤维含量很少，仅2%，而无氮浸出物高达72%，且无氮浸出物主要是易消化的淀粉，其有机物质消化率达90%。玉米的粗脂肪含量较高，在3.5%～4.5%，是小麦和大麦的2倍。玉米含粗纤维低、无氮浸出物和脂肪高是其能量高的主要原因。其次，玉米的亚油酸较高。亚油酸是十八碳二烯脂肪酸，它不能在动物体内合成，只能靠饲料提供，是必需脂肪酸。动物缺乏亚油酸时，生长受阻，皮肤病变，繁殖机能受到破坏。玉米含有2%的亚油酸，是谷实中含量最高者。第三，玉米的蛋白质含量低，品质差，主要由生物学价值较低的玉米蛋白和谷蛋白构成。玉米的蛋白含量为8%～9%，比小麦、大麦含量少，与高粱接近。此外，玉米蛋白质的氨基酸组成不全，缺乏赖氨酸（0.26%）、蛋氨酸和色氨酸等必需氨基酸。第四，矿物质约80%存在于胚部，且钙、磷比例不协调，钙只有0.02%，磷约0.25%。第五，脂溶性维生素中维生素E较多，约为20毫克/千克，黄玉米中含有较高的胡萝卜素。维生素D和维生素K几乎没有。水溶性维生素中含硫胺素较多，核黄素和烟酸含量则较少，且烟酸是以结合型存在的。第六，玉米胚乳部所含的色素以β-胡萝卜素、叶黄素和玉米黄质为主。β-胡萝卜素是维生素A的前体。

玉米适口性好、能量高，可大量用于肉牛的精料补充料中。但最好与其他体积大的糠麸类并用，以防积食和引起臌胀。饲喂玉米时，必须与豆科籽实搭配使用，来补充钙、维生素等。用整粒玉米喂肉牛，因为牛不能嚼得很碎，有18%～33%未经消化而排出体外，所以以饲喂碎玉米效果较好。宜粗粉碎，颗粒大小2.5毫米，不能粉碎太细，以免影响适口性和粗饲料的消化率。玉米在瘤胃中的降解率低于其他谷类，可以部分通过瘤胃到达小肠，减少在瘤胃中的降解，从而提高其应用价值。玉米压片（蒸汽压扁）后喂牛，在饲料效率及生产方面都优于整粒、细碎或粗碎的玉米。由于玉米脂肪含量高，粉碎后容易酸败变质，不易久藏，否则发热变质，导致胡萝卜素损失。玉米品质不仅受贮藏期和贮藏条件的影响，而且还受产地和季节的影响，应注意褐变玉米的黄曲霉毒素含量。尤其应注意玉米水分含量，一般控制在14%以下，以防发热和霉变。

B. 大麦：大麦的蛋白质含量（9%~13%）高于玉米，氨基酸中除亮氨酸及蛋氨酸外均比玉米多，但利用率比玉米差。大麦赖氨酸含量（0.40%）接近玉米的2倍。大麦籽实包有一层质地坚硬的颖壳，故粗纤维含量（6%）高，为玉米的2倍左右，因此有效能值较低，淀粉及糖类比玉米少，支链淀粉占74%~78%，直链淀粉占22%~26%，另外还含有其他谷实没有的 β-1，3 葡聚糖。大麦脂肪含量约2%，为玉米的一半，饱和脂肪酸含量比玉米高，亚油酸含量只有0.78%。大麦所含的矿物质主要是钾和磷，其次为镁、钙及少量的铁、铜、锰、锌等。大麦富含B族维生素，包括维生素 B_1、维生素 B_2、维生素 B_6 和泛酸，烟酸含量较高，但利用率较低，只有10%。脂溶性维生素A、维生素D、维生素K含量低，少量的维生素E存在于大麦的胚芽中。大麦中有抗胰蛋白酶和抗胰凝乳酶，前者含量低，后者可被胃蛋白酶分解，故一般对牛影响不大。

大麦是牛的优良精饲料，供肉牛育肥时与玉米营养价值相当。大麦粉碎太细易引起瘤胃臌胀，宜粗粉碎，或用水浸泡数小时或压片后饲喂可起到预防作用。此外，大麦进行压片、蒸汽处理可改善适口性和育肥效果，微波以及碱处理可提高消化率。

C. 高粱：营养价值稍低于玉米。高粱粗蛋白质含量略高于玉米，为9%~11%，但品质不佳，缺乏赖氨酸（0.21%~0.22%）和色氨酸。从分类上看，高粱蛋白质与玉米蛋白质类似，但高粱的蛋白质不易消化，高粱所含脂肪（2.8%~3.4%）低于玉米，脂肪酸组成中饱和脂肪酸比玉米稍多一些，所以脂肪的熔点高。此外，亚油酸含量比玉米低，约1.13％。高粱淀粉含量与玉米相近，淀粉粒的形状与大小也相似，但高粱淀粉粒受蛋白质覆盖程度较高，故消化率较低，使其有效能值低于玉米，产奶净能6.53兆焦/千克，综合净能7.08兆焦/千克。矿物质中磷、镁、钾含量较多而钙含量少。维生素中维生素B_2、维生素B_6含量与玉米相同，泛酸、烟酸、生物素含量多于玉米。其中烟酸以结合型存在，利用率低。高粱中含有单宁，影响其适口性和营养物质消化率。高粱是牛的良好能量饲料。一般情况下，可取代大多数其他谷实。高粱籽实中的单宁为缩合单宁，含单宁1％以上者为高单宁高粱，低于0.4％的为低单宁高粱。单宁含量与子粒颜色有关，色深者单宁含量高。单宁的抗营养作用主要是苦涩味重，影响适口性；当饲粮中高粱比例很大时，首先影响动物的食欲，降低采食量。单宁在消化道中与蛋白质结合形成不溶性化合物，与消化酶类结合影响酶的活性和功能，也可与多种矿物质离子发生沉淀作用，干扰消化过程，影响蛋白质及其他养分的利用率。单宁具有收敛性，在肠道中与黏膜蛋白结合形成不溶性鞣酸蛋白膜沉淀，使胃肠道运动机能减弱而发生胃肠迟缓。在日粮中适量添加高粱，单宁对饲粮蛋白质有瘤胃保护作用，它可与饲料蛋白质形成复合物，在瘤胃环境条件（pH4～7）下形成稳定的不溶性复合物，减少瘤胃微生物对蛋白质的降解，到达真胃（pH<2.5）和小肠（pH>7.0）时，复合物又可迅速解离，因而可以提高饲料蛋白质的利用率。

  D. 燕麦：燕麦稃壳占整个籽实的1/5～1/3，因而其粗纤维含量较高（10％～12％）。燕麦中淀粉含量不足60％，故可利用有效能低，产奶净能6.66兆焦/千克，综合净能6.95兆焦/千克。燕麦蛋白质含量在10％左右，其品质较差，氨基酸组成不平衡，赖氨酸含量低。莜麦（裸燕麦）蛋白质含量较高，为14％～20％。燕麦粗脂肪含量在4.5％以上，且不饱和脂肪酸含量高，其中亚油酸占40％～47％，油酸占34％～39％，棕榈酸占10％～18％。由于不饱和性脂肪酸比例较大，所以燕麦不宜久存。燕麦富含B族维生素和胆碱，但烟酸含量不足。脂溶性维生素和矿物质含量低。

  燕麦是牛很好的能量饲料，其适口性好，饲用价值较高。燕麦的营养价值在所有谷实类中是最低的，仅为玉米的75％～80％，但莜麦的饲喂价值与玉米相当。饲用前磨碎和粗粉碎即可饲喂。对奶牛的饲喂效果最好，对肉牛因含壳多，育肥效果比玉米差，在精料中可用到 50%，饲喂效果为玉米的 85%。

（2）豆科籽实饲料

①营养特点：豆类籽实包括大豆、豌豆、蚕豆等。粗蛋白质含量高，占干物质的 20%～40%，为禾谷类籽实的 1～3 倍，且品质好。精氨酸、赖氨酸、蛋氨酸等必需氨基酸的含量均多于谷类籽实。脂肪含量除大豆、花生含量高外，其他均只有 2% 左右，略低于谷类籽实。钙、磷含量较禾谷类籽实稍多，但钙磷比例不恰当，钙多磷少。胡萝卜素缺乏。无氮浸出物含量为 30%～50%，纤维素易消化。总营养价值与禾谷类籽实相似，可消化蛋白质较多，是牛重要的蛋白质饲料。

②主要的豆科籽实饲料。

A. 大豆：大豆蛋白质含量高，如黄豆和黑豆的粗蛋白质含量分别为 37% 和 36.1%。生大豆中水溶性蛋白质较多（约 90%），氨基酸组成良好，主要表现在赖氨酸含量较高，如黄豆和黑豆分别为 2.30% 和 2.18%，唯一的缺点是蛋氨酸等含硫氨基酸不足。大豆脂肪含量高，如黄豆和黑豆的粗脂肪含量分别为 16.2% 和 14.5%，其中不饱和脂肪酸较多，亚油酸和亚麻酸可占 55%。因属不饱和脂肪酸，故易氧化，应注意温度、湿度等贮存条件。脂肪中还含有 1% 的不皂化物，由植物固醇、色素、维生素等组成。另外还含有 1.8%～3.2% 的磷脂类，具有乳化作用。大豆碳水化合物含量不高，无氮浸出物仅 26% 左右，半纤维素有碍消化。淀粉在大豆中含量甚微，为 0.4%～0.9%。纤维素占 18%。矿物质中以钾、磷、钠居多，钙的含量高于谷实类，但仍低于磷，其中 60% 磷为不能利用的植酸磷。铁含量较高。其维生素与谷实类相似，但维生素 B_1 和维生素 B_2 的含量略高于谷实类，而维生素 A、维生素 D 含量少。其有效能值，产奶净能为 9.29 兆焦/千克，综合净能为 8.25 兆焦/千克。生大豆含有一些有害物质或抗营养成分，如胰蛋白酶抑制因子、血细胞凝集素、脲酶、致甲状腺肿物质、赖丙氨酸、植酸、抗维生素因子、大豆抗原、皂苷、雌激素、胀气因子等，这些都影响饲料的适口性、消化性与牛的一些生理过程。但是这些有害成分中除了后3种较为耐热外，其他均不耐热，经湿热加工可使其丧失活性。生大豆喂牛可导致腹泻和生产性能的下降，会降低维生素 A 的利用率，造成牛乳中维生素 A 含量剧减。大豆蛋白质中含蛋氨酸、色氨酸、胱氨酸较少，最好与禾谷类籽实混合饲喂。此外，不宜与尿素同用，这是由于生大豆中含有脲酶，会使尿素分解。大豆的熟喂效果最好，熟大豆，因其所含的抗胰蛋白酶被破坏，故能增加适口性和提高蛋白质的消化率及利用率。肉牛饲料中使用过多会影响采食量，增重下降，且有软脂倾向。饲喂量占日粮的 1/6 以下为宜。

B. 豌豆：又叫麦豌豆、毕豆、寒豆、准豆、麦豆。豌豆可分为干豌豆、青豌豆和食荚豌豆。干豌豆子粒粗蛋白质含量 20.0%～24.0%，介于谷实类和大豆之间。豌豆中清蛋白、球蛋白和谷蛋白分别为 21.0%、66.0% 和 2%。其蛋白质中含有丰富的赖氨酸，其他必需氨基酸含量都较低，特别是含硫氨基酸与色氨酸。干豌豆约含60% 的碳水化合物，淀粉含量为 24.0%～49.0%，粗纤维含量约7%，粗脂肪 1.1%～2.8%，约 60% 的脂肪酸为不饱和脂肪酸。能值虽比不上大豆，但也与大麦和稻谷相似。矿物质含量约 2.5%，是优质的钾、铁和磷的来源，但钙含量较低。干豌豆富含维生素 B_1、维生素 B_2 和尼克酸，胡萝卜素含量比大豆多，与玉米近似，缺乏维生素 D。豌豆中含有微量的胰蛋白酶抑制因子、外源植物凝集素、致胃肠胀气因子、单宁、皂角苷、色氨酸抑制剂等抗营养因子，不宜生喂。国外广泛用其作为蛋白质补充料。但是目前我国豌豆的价格较贵，很少作为饲料。一般肉牛精料可用 12% 以下。

19. 粗饲料有哪些营养特点？怎样饲喂？

粗饲料是指容重小、纤维成分含量高（干物质中粗纤维含量大于或等于 18%）、可消化养分含量低的饲料。主要有牧草与野草、青贮饲料、干草类、农副产品类（藤、秧、蔓、秸、荚、壳）及干物质中粗纤维含量≥18% 的糟渣类、树叶类和非淀粉质的块根、块茎类。感观要求无发霉、变质、结块、冰冻、异味及臭味。

（1）粗饲料的营养特点

①粗纤维含量高，无氮浸出物较难消化。干草的粗纤维含量为15%～20%，秸秆类达25%～30%。粗纤维中含有较多的木质素，较难消化，例如苜蓿干草粗纤维的消化率只有45%，大豆秕壳36%，谷糠仅6%。多数粗饲料无氮浸出物中缺乏淀粉和糖，主要是半纤维及多戊糖的可溶部分，消化率低，如秸秆、秕壳类。块根和块茎及谷实的无氮浸出物消化率达90%，苜蓿干草无氮浸出物的消化率为70%，稻草为48%，而花生壳仅为12%。

②蛋白质含量差异很大。豆科干草含粗蛋白质10%～19%，禾本科干草6%～10%，禾本科秸秆、秕壳仅3%～5%。粗蛋白质较难被消化，例如苜蓿干草粗蛋白质的消化率71%，苏丹草干草49%，大豆秸21%，稻草仅16%。

③含钙高、磷少。甘薯蔓含钙2%以上，豆科干草和秸秆、秕壳含钙量也高，在1.5%左右；禾本科干草和秸秆含钙量较低，0.2%～0.4%。各种干草的含磷量0.15%～0.3%，而多种秸秆在0.1%以下。但粗饲料一般含钾量较多，属于碱性饲料，适合喂牛。

④维生素D含量丰富，其他维生素则较少，优质干草含有较多的胡萝卜素。例如阴干的苜蓿干草每千克含有胡萝卜素26毫克；秸秆和秕壳几乎不含胡萝卜素。干草中含有一定量的B族维生素，豆科苜蓿干草的核黄素含量相当丰富，每千克达15毫克左右，但秸秆类饲料缺乏B族维生素。各种粗饲料，特别是日晒后的豆科干草含有大量的维生素D_2，是舍饲肉牛维生素D的良好来源，日晒苜蓿干草每千克含有维生素$D_2$2 000国际单位，小麦超过1 000国际单位。

（2）粗饲料的利用 粗饲料本身粗纤维含量多，营养价值低，难以消化。但作为肉牛的一种基础饲料，我们必须做好粗饲料的收贮与加工调制工作，以提高这类饲料的利用价值。

20. 青绿饲料有哪些营养特点？怎样饲喂？

（1）青绿饲料的营养特点

①粗蛋白质含量丰富、消化率高、品质优良、生物学价值高。粗

蛋白质含量一般占干物质的 $10\%\sim20\%$，叶片中含量较秸秆中多，豆科比禾本科多，粗蛋白质消化率高。如苜蓿的粗蛋白质消化率高达 76%，野青草和山地青草的粗蛋白消化率仅为 51%。青绿饲料中的蛋白质品质较好，必需氨基酸较全面，赖氨酸、组氨酸含量较多而蛋氨酸含量较少，对肉牛生长、生殖和泌乳都有良好的作用。因青绿饲料所含的氨基酸较全面，所以蛋白质的生物学价值较高，可达 80%，而一般籽实饲料只有 $50\%\sim60\%$。

②维生素含量丰富。胡萝卜素含量是决定饲料营养价值高低的重要因素之一。青饲料中含有大量的胡萝卜素，每千克 $50\sim80$ 毫克，高于其他类型饲料。豆科青草中的胡萝卜素和 B 族维生素等的含量高于禾本科青草；青草的维生素含量比枯草高。此外，青饲料中还含有丰富的硫胺素、核黄素、烟酸等 B 族维生素，以及较多的维生素 E、维生素 C 和维生素 K 等。

③钙、磷含量差异较大。按干物质计，青饲料中钙的含量 $0.2\%\sim2.0\%$，磷 $0.2\%\sim5\%$。青饲料中钙、磷多集中于叶片，占干物质的百分比随着植物成熟的程度而下降。

④无氮浸出物含量较多，粗纤维含量较少。青草的粗纤维含量约占干物质的 30%，无氮浸出物含量占 $40\%\sim50\%$。优质牧草的有机物消化率为 $75\%\sim85\%$。青绿饲料粗纤维含量较少，并有刺激肉牛消化腺分泌的作用，因而适口性好、消化率高，可视为肉牛的保健饲料。

（2）青绿饲料的利用　青绿饲料是肉牛的良好饲料，但收获期掌握不好也会影响其质量。收获过早，饲料幼嫩，含水分多，产量低，品质差；收获过晚，粗纤维含量高，消化率下降。所以应适时收割，饲喂时要与籽实饲料及矿物质饲料配合。

21. 多汁饲料有哪些营养特点？怎样饲喂？

（1）多汁饲料的营养特点

①水分含量高。在自然状态下一般含水分 $75\%\sim95\%$，故称多汁饲料。它具有轻泻与调养作用，对泌乳母牛起催奶作用。

②多汁饲料干物质中富含淀粉和糖，对形成乳糖有利，如胡萝卜、甜菜、南瓜等能明显地增加产奶量，但可使乳蛋白率下降，可能是其喂量增大所致。同时多汁饲料也易于发酵，与精料一样会很快使瘤胃 pH 下降，据报道蔗糖在瘤胃发酵会使瘤胃 pH 下降到 $5.7 \sim 5.8$，产生各种酸如乙酸 49.6%，丙酸为 23.2%，丁酸为 20.2%，其他酸 7%。

③粗蛋白质含量低，只有 $1\% \sim 2\%$，以薯类含蛋白量最低。在含氮化合物中，蛋白质含量仅占一半，但蛋白质中的赖氨酸、色氨酸含量较多。

④矿物质含量不一，缺少钙、磷、钠，但钾含量丰富。

⑤维生素含量因种类不同而差别很大。胡萝卜含有丰富的维生素，甘薯中则缺乏维生素，甜菜中含有维生素 C，但各类多汁饲料中均缺乏维生素 D。

⑥适口性好，能刺激肉牛食欲，有机物质的消化率高。

⑦产量高，生长期短，生产成本低。但因含水分高，较难运输，又难保存。

(2) 几种主要的块根多汁饲料

①甜菜：它是肉牛的优良多汁饲料。根据甜菜中干物质含量的不同，可分为饲用甜菜和糖用甜菜 2 种。饲用甜菜中干物质含量较少，一般只有 12% 左右，总营养价值不高。糖用甜菜中干物质含量较多，而且富含糖分。甜菜的块根很大，喂时应洗净切碎，并要现切现喂，以免腐烂。将甜菜煮成粥状饲喂，可提高适口性，增加牛的产肉量，但应即煮即喂，不宜焖放在锅中，如果焖在锅中 $5 \sim 12$ 小时，甜菜中所含的硝酸钾会在硝酸菌的还原作用下，产生亚硝酸盐，引起牛中毒。腐烂的甜菜叶中含有 $0.013\% \sim 0.015\%$ 亚硝酸盐，喂时应予清除，以防中毒。甜菜叶中还含有大量草酸，影响饲料中钙的消化吸收，每 50 千克鲜叶中补加 125 克碳酸钙可以中和草酸。甜菜与其他饲草饲料混合饲喂，以防肉牛腹泻。

②胡萝卜：胡萝卜产量高、易栽培、耐贮藏、营养丰富，是家畜冬、春季重要的多汁饲料。胡萝卜的营养价值很高，大部分营养物质是无氮浸出物，并含有蔗糖和果糖，故有甜味。胡萝卜素尤其丰富，

为一般牧草饲料所不及。胡萝卜还含有大量的钾盐、磷盐和铁盐等。一般来说，颜色越深，胡萝卜素和铁盐含量越高，红色的比黄色的高。胡萝卜按干物质计可列入能量饲料，但由于其鲜样中水分含量高、容积大，在生产实践中并不依赖它来供给能量。

胡萝卜的重要作用是冬季饲养时作为多汁饲料和供给胡萝卜素。在青饲料缺乏季节，向干草或秸秆比重较大的日粮中添加一些胡萝卜，可改善日粮口味，调节消化机能。对于种牛，饲喂胡萝卜可供给丰富的胡萝卜素，对于公畜精子的正常生成及母畜的正常发情、排卵、受孕与怀胎，都有良好作用。胡萝卜熟喂，其所含的胡萝卜素、维生素 C 及维生素 E 会遭到破坏，最好生喂，肉牛日喂 15～20 千克。

③甘薯：又名红薯、白薯、番薯、地瓜等，是我国种植最广、产量最大的薯类作物。甘薯的块根富含淀粉，除了供食用和工业原料外，用作饲料的比例逐渐增多。新鲜甘薯是一种高水分饲料，含水量约 70%，作为饲料除了鲜喂、熟喂外，还可以切成片或制成丝再晒干粉碎成甘薯粉使用。甘薯的营养价值比不上玉米，其成分特点与木薯相似，但不含氢氰酸。红心甘薯中胡萝卜素及叶黄素含量丰富。甘薯粉中无氮浸出物占 80%，其中绝大部分是淀粉。蛋白质含量低，且含有胰蛋白酶抑制因子，但加热可使其失活，提高蛋白质消化率。

甘薯是反刍家畜良好的能量来源，鲜甘薯忌冻，必须贮存在 13℃左右的环境下才比较安全。保存不当时，甘薯会生芽或出现黑斑。黑斑甘薯有苦味，牛采食后易引发气喘病，严重者死亡。甘薯制成甘薯粉后便于贮藏，但仍需注意勿使其发霉变质。不论何种家畜饲用甘薯，均应考虑季节性、货源的稳定性及价格等因素。

22. 糠麸类饲料有哪些营养特点？怎样饲喂？

（1）米糠与脱脂米糠　稻谷的加工副产品称为稻糠，稻糠可分为砻糠、米糠和统糠。砻糠是粉碎的稻壳。米糠是糙米精制成大米时的副产品，由种皮、糊粉层、胚及少量的胚乳组成。统糠是米糠与砻糠的混合物。一般每 100 千克稻谷加工后，可出大米 72 千克、砻糠 22

千克和米糠 6 千克。我国米糠年产量 150 万～250 万吨，其中有 30%榨油后为脱脂米糠。米糠的营养价值受大米精制加工程度的影响，精制程度越高，则米糠中混入的胚乳就越多，其营养价值也就越高。米糠的粗蛋白质含量比麸皮低，但比玉米高，品质也比玉米好，赖氨酸含量高达 0.55%。米糠的粗脂肪含量很高，达 15%，比同类饲料高得多，约为麦麸、玉米糠的 3 倍多，因而能值也位于糠麸类饲料之首。其脂肪酸的组成多属不饱和脂肪酸，油酸和亚油酸占 9.2%，脂肪中还含有 2%～5%的天然维生素 E，B 族维生素含量也很高，但缺乏维生素 A、维生素 D、维生素 C。米糠粗灰分含量高，但钙磷比例极不平衡，磷含量高，但所含磷约有 86%属植酸磷，利用率低且影响其他元素的吸收利用。米糠中锰、钾、镁含量较高。米糠中含有胰蛋白酶抑制因子，加热可使其失活，否则采食过多易造成蛋白质消化不良。此外，米糠中脂肪酶活性较高，长期贮存易引起脂肪变质。

　　米糠用作牛饲料，适口性好，能值高，在肉牛精料中可用至 20%。但喂量过多会影响牛肉品质，使体脂变黄变软，尤其是酸败的米糠还会引起适口性降低和导致腹泻。米糠的粗脂肪含量高，大多为不饱和脂肪酸，极易氧化、酸败，也易发热和发霉，尤其鲜米糠在堆放情况下更易发生，这就给贮存和使用带来许多困难。酸败、氧化的米糠会使动物中毒，发生严重下痢，甚至死亡。

　　为了安全有效地使用米糠，必须先解决防腐防霉问题。将米糠进行脱油处理，制成脱脂米糠，即米糠饼和米糠粕。经脱脂处理后，脂肪及脂溶性物质大部分被除去，仅剩 1%～2%的脂肪，其他成分如蛋白质、粗纤维、无氮浸出物、矿物质等未变化，而只是比例相对增加。但能量会随之降低，因而脱脂米糠为低热能饲料原料。米糠在脱脂过程中经过加热处理，脂肪分解酶被破坏，且脂肪含量已很低，故不必担心脂肪氧化、酸败问题，可长期贮存而不易变质。胰蛋白酶抑制因子也减少很多，提高了适口性和消化率，适用范围也大大增加。对肉牛适口性好，不必担心体脂品质下降，通常在肉牛的精料中可用到 30%。

　　(2) 小麦麸　俗称麸皮，是小麦加工面粉的副产品，由种皮、糊粉层和一部分胚及少量的胚乳组成。小麦麸来源广，数量大，是我国北方畜禽常用的饲料原料，全国年产量可达 400 万～600 万吨。根据小麦加工工艺不同，小麦麸的营养质量差别很大。"先出麸"工艺是：麦子剥三层皮，头碾麸皮、二碾麸皮是种皮，其营养价值与秸秆相同，三碾麸皮含胚，营养价值高，这种工艺的麸皮是头碾麸皮、二碾麸皮和三碾麸皮及提取胚后的残渣的混合物，其营养远不及传统的"后出麸"工艺麸皮。小麦麸容积大，纤维含量高，适口性好，是奶牛优良的饲料原料。根据小麦麸的加工工艺及质量，肉牛精料中可用到 30%，但用量太高反而失去效果。

（3）砻糠与统糠 砻糠是稻谷加工糙米时脱下的谷壳（颖壳）粉，是稻谷中最粗硬的部分，粗纤维含量达 46%，属于品质差的粗饲料。有机物质的消化率仅为 16.5%，仅高于木屑，按消化率折算，20 千克砻糠才抵得上 0.9 千克米糠。灰分含量很高，达 21%，但大部分是硅酸盐，严重地影响钙、磷的吸收利用。统糠有两种，一种是稻谷一次加工成白米分离出的糠，这种糠占稻谷的 25%～30%，其营养价值介于砻糠与米糠之间，粗纤维含量较高，达 28.7%～37.6%。另一种是将加工分离出的米糠与砻糠人为混合而成，根据混合比例不同，可分为一九统糠、二八统糠、三七统糠等。砻糠的比例愈高，营养价值愈差。

（4）大麦麸 大麦麸是加工大麦时的副产品，分为粗麸、细麸及混合麸。粗麸多为碎大麦壳，粗纤维含量高。细麸的能量、蛋白质及粗纤维含量皆优于小麦麸。混合麸是粗细麸混合物，营养价值也居于两者之间。可用于肉牛，在不影响热能需要时可尽量使用，对改善肉质有益，但生长期肉牛仅可使用 10%～20%，太多时会影响生长。

（5）玉米糠 玉米糠是玉米制粉过程中的副产品之一，主要包括种皮、胚和少量胚乳。可作为肉牛的良好饲料。玉米品质对成品品质影响很大，尤其含黄曲霉毒素高的玉米，玉米糠中毒素的含量约为原料玉米的 3 倍之多，这一点应加以注意。

（6）高粱糠 高粱糠是加工高粱的副产品，其消化能和代谢能都比小麦麸高，但因其中含有较多的单宁，适口性差，易引起便秘，故喂量应控制。在高粱糠中，若添加 5% 的豆饼，再与青饲料搭配喂牛，则其饲用价值将得到明显提高。

(7) 谷糠 谷糠是谷子加工小米的副产品，其营养价值随加工程度而异，粗加工时，除产生种皮和秕谷外，还有许多硬壳，这种粗糠粗纤维含量很高，可达 23% 以上，而蛋白质只有 7% 左右，其营养价值接近粗饲料。

23. 饼粕类饲料包含哪些种类？有哪些营养特点？如何应用？

饼粕类饲料的营养价值很高，可消化蛋白质含量 31.0% ～ 40.8%，氨基酸组成较完全，禾谷类籽实中所缺乏的赖氨酸、色氨酸、蛋氨酸，在饼粕类饲料中含量都很丰富。苯丙氨酸、苏氨酸、组氨酸等含量也不少。因此，饼粕类饲料中粗蛋白质的消化率、利用率均较高。粗脂肪含量随加工方法不同而异，一般经压榨法生产的饼粕类脂肪含量为 5% 左右。无氮浸出物占干物质的 1/3 左右（22.9% ～ 34.2%）。粗纤维含量，加工时去壳者含 6% ～ 7%，消化率高。饼粕类饲料含磷量比钙多。B 族维生素含量高，胡萝卜素含量很少。常用的饼粕类饲料有大豆饼粕、棉籽饼、花生饼、菜籽饼、糠饼等。

(1) 大豆饼粕 粗蛋白质含量高，因制油工艺不同其含量有一定差异，一般在 40% ～ 50%，其中必需氨基酸的含量比其他植物性的饲料都高，如赖氨酸含量达 2.4% ～ 2.8%，是玉米的 10 倍，赖氨酸和精氨酸的比例也较恰当，约为 100∶130，异亮氨酸含量高达 2.39%，是饼粕类饲料中最多者，也是异亮氨酸与缬氨酸比例最好的一种。大豆饼粕色氨酸、苏氨酸含量也很高，与谷实类饲料配合可起到互补作用。蛋氨酸含量不足，以玉米-大豆饼粕为主的日粮要额外添加蛋氨酸才能满足营养需求。粗纤维含量较低（4.7%），主要来自大豆皮。无氮浸出物含量为 30% ～ 32%，主要是蔗糖、棉籽糖、水苏糖和多糖类，淀粉含量低。故可利用能量低，干物质中综合净能为 8.17 兆焦/千克。胡萝卜素、核黄素和硫胺素含量少，烟酸和泛酸含量较多，胆碱含量丰富（2 200～2 800 毫克/千克），维生素 E 在脂肪残留量高和储存不久的饼粕中含量较高。矿物质中钙少磷多，磷多为植酸磷（约 61%），硒含量低。

大豆饼粕色泽佳、风味好，加工适当的大豆饼粕仅含微量抗营养因子，不易变质。大豆粕和大豆饼相比，具有较低的脂肪含量，蛋白质含量较高，质量稳定。在加工过程中先经去皮而加工获得的粕称去皮大豆粕，与大豆粕相比，粗纤维含量低，一般在3.3%以下，蛋白质含量为48%～50%，营养价值较高。大豆饼粕是肉牛的优质蛋白质原料，各阶段牛饲料中均可使用，适口性好，长期饲喂也不会厌食。由于有抗营养因子及蛋氨酸不足等，在人工代乳料和开食料中应加以限制。

（2）棉籽饼 棉籽饼粕粗纤维含量较高，达13%以上，有效能值低于大豆饼粕。脱壳较完全的棉仁饼粕粗纤维含量约12%，代谢能水平较高。棉籽饼粕粗蛋白含量较高，达34%以上，棉仁饼粕粗蛋白可达41%～44%。氨基酸中赖氨酸缺乏，仅相当于大豆饼粕的50%～60%，精氨酸含量较高，赖氨酸与精氨酸之比在100：270以上，蛋氨酸、色氨酸都高于大豆饼粕。矿物质中钙少磷多，其中71%左右为植酸磷，含硒少。维生素B_1含量较多，维生素A、维生素D少。棉籽饼干物质中综合净能为7.39兆焦/千克，棉籽粕干物质中综合净能为7.16兆焦/千克。棉籽饼粕中的抗营养因子主要为棉酚、环丙烯脂肪酸、单宁和植酸。棉籽饼粕是反刍家畜良好的蛋白质来源。棉籽饼粕中含有棉酚，这是一种危害血管细胞和神经的毒素。由于瘤胃微生物的发酵作用，对游离棉酚有一定的解毒作用。对瘤胃功能健全的成年牛影响小，只要维生素A不缺乏，不会产生中毒。但瘤胃尚未发育完善的犊牛，则极易引起中毒，因此，用它喂犊牛时要去毒，并且要饲喂得法和控制喂量。棉籽饼粕去毒的方法很多，例如用清水泡、碱水泡（1%～2%）或煮沸等，其中以煮沸去毒的效果最好。肉牛可以以棉籽饼粕为主要蛋白质饲料，但应供应优质粗饲料，再补充胡萝卜素和钙，方能获得良好的增重效果，一般在精料中可占30%～40%。由于游离棉酚可使种用动物尤其是雄性动物生殖细胞发生障碍，因此种用雄性动物应禁止用棉粕，雌性种畜也应尽量少用。切忌饲喂受潮发霉的棉籽饼粕，饲喂棉籽饼粕时，同时加喂青干草、补充足量的维生素A和矿物质饲料效果更好。

（3）花生饼 有带壳的和脱壳的2种。脱壳花生饼粕粗蛋白质含量高，但降解蛋白比例较大。营养价值与大豆饼粕相似，但因含有抑制胰蛋白酶因子，加温后易被破坏。花生（仁）饼蛋白质含量约44%，花生（仁）粕蛋白含量约47%，蛋白质含量高，但63%为不溶于水的球蛋白，可溶于水的白蛋白仅占7%。氨基酸组成不平衡，赖氨酸、蛋氨酸含量偏低，精氨酸含量在所有植物性饲料中最高，赖氨酸与精氨酸之比在100∶380以上，饲喂时适于和精氨酸含量低的菜籽饼粕等配合使用。花生（仁）饼粕的有效能值在饼粕类饲料中最高，花生（仁）饼干物质中综合净能为8.24兆焦/千克。花生（仁）粕干物质中综合净能为7.39兆焦/千克。无氮浸出物中大多为淀粉、糖分和戊聚糖。粗纤维在5%左右。残余脂肪熔点低，脂肪酸以油酸为主，不饱和脂肪酸占53%～78%。钙磷含量低，磷多为植酸磷，铁含量略高，其他矿物元素较少。胡萝卜素、维生素D、维生素C含量低，B族维生素较丰富，尤其烟酸含量高，约174毫克/千克。核黄素含量低，胆碱1 500～2 000毫克/千克。花生（仁）饼粕中含有少量胰蛋白酶抑制因子。花生（仁）饼粕极易感染黄曲霉，产生黄曲霉毒素，引起动物黄曲霉毒素中毒。我国饲料卫生标准中规定，其黄曲霉素B_1含量不得大于0.05毫克/千克。花生饼粕略有甜味，适口性好，在饼粕类饲料中质量较好。为避免黄曲霉毒素中毒，幼牛应避免使用。花生饼粕对肉牛的饲用价值与大豆饼粕相当。花生（仁）饼粕有通便作用，采食过多易导致软便。经高温处理的花生仁饼粕，蛋白质溶解度下降，可提高过瘤胃蛋白量，提高氮沉积量。

（4）菜籽饼 菜籽饼粕营养价值不如大豆饼粕，也含有较高的粗蛋白质34%～38%，可消化蛋白质为27.8%，蛋白质中非降解蛋白比例较高；氨基酸组成平衡，含硫氨基酸较多，精氨酸含量低，精氨酸与赖氨酸的比例适宜，是一种良好的氨基酸平衡饲料。粗纤维含量较高，为12%～13%。有效能值较低，干物质中综合净能为7.35兆焦/千克。碳水化合物为不宜消化的淀粉，且含有8%的戊聚糖。矿物质中钙、磷含量均高，但大部分为植酸磷，富含铁、锰、锌、硒，尤其是硒含量远高于豆饼。维生素中胆碱、叶酸、烟酸、核黄素、硫胺素均比豆饼高，但胆碱与芥子碱呈结合状态，不易被肠道吸收。菜籽饼粕含有硫葡萄糖苷、芥子碱、植酸、单宁等抗营养因子，影响其适口性。"双低"菜籽饼粕与普通菜籽饼粕相比，粗蛋白质、粗纤维、粗灰分、钙、磷等常规成分含量差异不大，"双低"菜籽饼粕有效能略高。赖氨酸含量和消化率显著高于普通菜籽饼粕，蛋氨酸、精氨酸略高。菜籽饼粕因含有多种抗营养因子，饲喂价值明显低于大豆粕。近年来，国内外培育的"双低"（低芥酸和低硫葡萄糖苷）品种已在我国部分地区推广，并获得较好效果。菜籽饼粕对牛适口性差，长期大量食用可引起甲状腺肿大，但影响程度小于单胃动物。肉牛精料中使用5%～10%对胴体品质无不良影响。低毒品种菜籽饼粕饲养效果明显优于普通品种，可提高使用量，因为菜籽饼粕含有配糖体-芥子素等（硫代葡萄糖苷、芥子碱、植酸），如用温水浸泡，由于酶的作用生成芥子油等毒素，味苦而辣，不仅口味不良，对肉牛的消化器官也有刺激作用，能使肠道和肾脏发生炎症。所以初喂时可与适口性好的饲料混合饲喂，而且喂量宜少不宜多，每头奶牛每日可喂1千克左右。饲喂前，可采用坑埋法脱去菜籽饼粕中的毒素。

（5）**糠饼**　是米糠榨油后的副产品，它含无氮浸出物约50%，蛋白质约13.1%，营养价值不高，品质较差。

油饼类饲料中还有芝麻饼、葵花饼、胡麻饼、椰籽饼等，营养价值均较高，适口性也好，是饲喂肉牛的蛋白质补充饲料。

24. 豆腐渣、甜菜渣有哪些营养特点？怎样饲喂？

（1）**豆腐渣**　以大豆为原料生产豆腐的副产品，鲜豆腐渣水分含量高，可达78%～90%，干物质中粗蛋白和粗纤维含量高，维生素大部分转移到豆浆中，它和豆类一样含有抗胰蛋白酶等有害因子，故需煮熟后利用。鲜豆腐渣经干燥、粉碎后可作配合饲料原料，但加工成本高。鲜豆腐渣是牛良好的多汁饲料。

（2）**甜菜渣**　甜菜渣是甜菜制糖时压榨后的残渣。我国甜菜的年产量约1 600万吨，出渣率按45%计算，全国甜菜渣资源在650万～750万吨。主要分布于我国北方省区，以黑龙江省最多，其次是新疆和内蒙古自治区。新鲜甜菜渣含水量70%～80%，为便于运输和贮存，可制成干甜菜渣，为灰色或淡灰色，略具甜味，呈粉或丝状，干燥品中无氮浸出物含量高，可达56.5%，而粗蛋白质和粗脂肪少。

粗纤维含量多，但较易消化。干甜菜渣对牛的产奶净能约 6.7 兆焦/千克。矿物质中钙多磷少，维生素中除烟酸含量稍多外，其他均低。鲜甜菜渣适口性好，易消化，是家畜良好的多汁饲料，对泌乳母畜还有催乳作用。但甜菜渣中含有较多的游离有机酸，喂量过多易引起腹泻。用来喂牛可代替 50% 左右的青贮饲料，并节约部分精料。肉牛每天的喂量 40 千克，犊牛和种公牛应少喂或不喂。饲喂时，应适当搭配一些干草、青贮料、饼粕、糠麸、胡萝卜以补充其不足的养分。将鲜甜菜渣经自然或人工干燥后可制成干甜菜渣。干甜菜渣适合饲喂草食家畜，一般饲喂肉牛，占日粮谷物饲料量的 50% 时，仍能得到与饲喂大麦等谷物饲料相同的育肥效果。注意喂前先用水浸泡，以免因吸水而膨胀，影响正常的消化。浸泡时水的用量是干甜菜渣的 2～3 倍，浸泡 5～6 小时。甜菜渣不仅可以鲜喂，也可以进一步加工，如制备甜菜渣青贮料、制作甜菜颗粒粕和将其固态发酵等，这样可充分提高其利用率。

25. 糟渣类饲料包括哪些种类？有哪些营养特点？怎样饲喂？

肉牛生产中常用的糟渣类饲料有酒糟、糖糟、酱油糟、醋糟等。

(1) 白酒糟 用富含淀粉的原料（如高粱、玉米、大麦等）酿造白酒，所得的糟渣副产品即为白酒糟。就粮食酒来说，由于酒糟中可溶性碳水化合物发酵成醇被提取，其他营养成分如蛋白质、脂肪、粗纤维与灰分等含量相应提高，而无氮浸出物相应降低。而且由于发酵使 B 族维生素含量大大提高，也产生一些未知生长因子。酒糟中各营养物质消化率与原料相比没有差异，因而其能值下降不多。但是在酿酒过程中，常加入 20%～25% 的稻壳，这使粗纤维含量较高，营养价值大为降低。酒糟对肉牛有良好的饲用价值，可占精料总量的 50% 以下。在酒糟中加糖蜜蒸馏可用于育肥公牛，如果日粮中蛋白质含量低于标准 10%～15%，蒸馏过糖蜜的酒糟能够按每头公牛 2～3 千克的量用作蛋白质添加剂。

(2) 酱油糟 酱油的原料主要是大豆、豌豆、蚕豆、豆饼、麦麸及食盐等，这些原料按一定比例配合，经曲霉菌发酵使蛋白质和淀粉分解等一系列工艺而酿制成酱油，将酱油分离后余下的残渣经干燥就得到酱油糟。酱油糟的营养价值受原料和加工工艺影响而有所不同，鲜酱油糟含水量为 25%～50%，粗蛋白质含量为 25% 左右，粗纤维含量高而无氮浸出物含量低，有机物质消化率较低，因此有效能值低。酱油糟的突出特点是粗灰分含量高，有一多半为食盐，高达7%，用作饲料时应注意。酱油糟热能低，需配合高热能原料使用。肉牛饲料中可用至 10%，用量太高会软化肉质。

（3）醋糟 以高粱、麦麸及米糠等为原料，经发酵酿造提取醋后的残渣。其营养价值受原料及加工方法的影响较大。粗蛋白质含量为10%～20%，粗纤维含量高，这是由于制醋时往往添加一些稻壳、谷壳等作为填充料，以利空气流通。醋糟的最大特点是有大量的醋酸，有酸香味，能增进食欲。但使用时避免单一饲喂，最好和碱性饲料饲喂，以中和醋糟中过多的酸。不同工艺的醋糟饲用价值相差较大，使用前应进行测试。

（4）甘蔗渣 是甘蔗制糖时压榨后的渣滓，我国资源丰富，年产量约 1600 万吨，主要分布在广东、广西、云南、海南、福建、四川等省、自治区，是一项值得开发的饲料资源。其蛋白质和有效能值都很低，可消化粗蛋白质几乎为零。因此饲用价值较低。为了提高甘蔗渣的饲用价值，必须采用物理、化学和生物学方法对其进行处理。

1967 年日本采用发酵的方法分解甘蔗渣中的木质素，将处理后的甘蔗渣适当配合少量的米糠、豆饼、糖蜜等原料，生产出适口性好、能量高、易消化的"强力甘蔗渣"饲料，经 20 多年使用证明，每头牛每年节省 1/3～1/2 的粗饲料，节省精饲料 20%。我国甘蔗研究所同深圳光明华侨畜牧场协作（1983—1985），采用"碱化甘蔗渣＋糖蜜＋尿素"，用青贮的方法制成"甘光一号"饲料，并用其对育成牛和泌乳牛进行饲养试验，效果良好。

（5）饴糖渣 饴糖的主要成分是麦芽糖，是采用酶解方法将粮食中的淀粉转化而成，用于生产制造糖果和糕点。饴糖渣的营养成分视原料和加工工艺而有所不同。一般来讲，饴糖渣含糖量高，含粗纤维低，还含有一定量的粗蛋白和粗脂肪，饲用价值与谷类相近，高于糠麸。饴糖渣味甜香，消化率高，是饲料中的优良调味品。

(6) 啤酒糟 大麦是酿造啤酒的主要原料。大麦经温水浸泡 $2\sim$ 3 天，充分吸水得温而发芽，发芽后产生大量淀粉酶，麦芽中含水 $42\%\sim45\%$。经加温干燥，再去掉麦芽根（防止啤酒变苦），经进一步加工制成糖化液，分离出麦芽汁，剩下的大麦皮等不溶混杂物就是鲜啤酒糟，经干燥处理后即得干啤酒糟。

啤酒糟是大麦提取可溶性碳水化合物后的残渣，故其成分除淀粉减少外，其他与大麦组成相似，但含量按比例增加。粗蛋白质含量 $22\%\sim27\%$，氨基酸组成与大麦相似。粗纤维含量较高，矿物质、维生素含量丰富。粗脂肪高达 $5\%\sim8\%$，其中亚油酸占 50% 以上。无氮浸出物 $39\%\sim43\%$，以五碳糖类戊聚糖为主，多用于反刍动物饲料，效果较好。啤酒糟用于肉牛，可取代部分或全部大豆饼粕，可改善尿素利用效果，防止瘤胃不全角化和消化障碍。犊牛饲料中也可使用 20% 的啤酒糟而不影响生长。

(7) 其他酒糟 通常根据原料来进行分类，如甘薯酒糟、糖蜜酒糟、玉米酒糟等。酒糟的发酵原料主要是玉米，在蒸馏废液中，固形部分占 $5\%\sim7\%$，经干燥处理后称作酒精副产品，又分为：干酒糟是只对蒸馏废液的固形部分进行干燥的产品，色调鲜明的也叫透光酒糟；可溶干酒糟是对除掉固形部分的残液加以浓缩、干燥的产品；干酒糟液是将干酒糟和可溶干酒糟混合起来的产品，也叫深色酒糟。酒糟因发酵原料和加工工艺的不同其营养成分差异很大。酒糟中的成分除碳水化合物较少外，其他成分为原料的 $2\sim3$ 倍，并增加维生素和发酵产物，故本品为蛋白质、脂肪、维生素和矿物质的良好来源，并含有未知生长因子。一般而言，蛋氨酸和胱氨酸含量稍高，而赖氨酸、色氨酸明显不足。以玉米、高粱等谷物为原料的酒精糟成分较好，蛋白质含量高而粗纤维低，是良好的蛋白质饲料；以薯类为原料者，粗纤维、粗灰分含量均高，粗蛋白质消化率差，饲用价值低；以糖蜜为原料者，粗蛋白含量低，维生素 B_2、泛酸等 B 族维生素丰富，因其粗灰分含量特别高，使用时应加以注意。

酒糟气味芬芳，是肉牛的良好饲料，可作为蛋白质及能量来源，取代部分谷物和饼粕类饲料。在牛的精料中用量可达 50%。可溶酒糟富含 B 族维生素，且有未知生长因子，可用于犊牛断乳饲料中。糖蜜酒糟在肉牛饲料中用量以 10％以下为宜。

26. 什么是饲料添加剂？饲料添加剂分哪几类？用于肉牛育肥的饲料添加剂有哪些？

（1）**饲料添加剂的定义**　我国《饲料工业术语》（GB 10647—2008）中对饲料添加剂的定义：为满足特殊需要而加入饲料中的少量或微量物质。在我国《饲料和饲料添加剂管理条例》中又指出：由两种（类）或者两种（类）以上营养性饲料添加剂为主，与载体或者稀释剂按照一定比例配制的饲料称为添加剂预混合饲料，包括复合预混合饲料、微量元素预混合饲料以及维生素预混合饲料。饲料添加剂虽然在配合饲料中添加量很少，但它可提高肉牛对饲料的利用效率，最大限度地发挥肉牛产肉和繁殖的潜力，作用重大。饲料添加剂作为配合饲料的科技核心，随着饲料工业的高速发展与科学技术的进步，其研究、开发与应用越来越受到重视。

（2）**饲料添加剂的分类**　人们通常将饲料添加剂分为两大类，一类是营养性饲料添加剂，另一类是非营养性饲料添加剂。每一大类中又包括很多种类。

①营养性饲料添加剂　所谓营养性饲料添加剂是指为补充饲料营养成分而掺入饲料中的少量或者微量物质，主要包括氨基酸、维生素、矿物质、非蛋白氮等，它们对肉牛都具有直接的营养作用。

A. 氨基酸　一般不需要在肉牛饲料中额外添加氨基酸。如果需要添加，首先应考虑添加蛋氨酸（第一限制氨基酸），其次要考虑赖氨酸（第二限制氨基酸）。但究竟添加哪种氨基酸？添加多少？需要根据日粮中蛋氨酸和赖氨酸的含量确定。

B. 维生素　肉牛的瘤胃微生物能够合成所有的 B 族维生素，而且维生素 C、维生素 D、维生素 E、维生素 K 在饲料中的含量都很丰富，因此，在饲料中不需要添加。此外，肉牛在采食新鲜牧草时饲料中一般含有丰富的 β-胡萝卜素，它可以利用其合成维生素 A，正常情况下也不会缺乏。

C. 矿物质　按照在体内的含量多少可将矿物质元素划分为常量元素和微量元素两大类。常量元素是指那些在牛体内的含量大于或等于 0.01% 的元素，包括有碳、氢、氧、氮、钙、磷、钠、钾、氯、镁、硫共 11 种。其中碳、氢、氧、氮是构成牛机体的基本物质，主要由饲料能量和蛋白质提供，不作为饲料添加剂考虑。微量元素是指那些在牛体内含量小于 0.01% 的元素，目前已经查明有生理营养功能的有 20 种，但在饲料中需要添加的仅有铁、锌、铜、锰、碘、硒、钴、钼、氟、铬共 10 种。

D. 非蛋白氮　非蛋白氮是除蛋白质以外的所有含氮化合物的总称，包括游离氨基酸、酰胺类、蛋白质降解的含氮化合物、氨以及铵盐等简单含氮化合物。肉牛可以利用非蛋白氮合成微生物蛋白，进入肠道供机体消化利用，也就是说它可以利用部分非蛋白氮代替饲料蛋白质。肉牛最常用的非蛋白氮是尿素，其他还有双缩脲、氯化铵、硫酸铵、磷酸脲、磷酸一胺、硬脂酸脲等。

②非营养性添加剂　是指为保证或改善饲料品质、促进动物生产、保障动物健康、提高饲料利用率而加入饲料中的少量或微量物质，这些物质本身对肉牛没有直接的营养作用。非营养性添加剂又可分为一般饲料添加剂和药物饲料添加剂。

A. 一般饲料添加剂　是指为保证或者改善饲料品质、提高饲料利用率而掺入饲料中的少量或者微量物质。

主要包括益生素、酶制剂、酸化剂、中草药及植物提取成分、青贮饲料保存剂、防霉剂、抗氧化剂、饲料调制和调质剂等。益生素和酶制剂主要用于提高饲料的利用效率，多数酸化剂和一些种类的中草药及植物提取成分也能提高饲料利用效率。中草药作为添加剂不仅能提高饲料利用效率，还能改善肉牛健康状况，部分替代抗生素，有的还能改善牛肉的品质。不过，在饲料中一般不直接添加中草药，而主要是添加从中草药中提取的有效成分，如黄芪多糖、杜仲绿原酸、大蒜素等。青贮饲料保存剂、防霉剂、抗氧化剂、饲料调制和调质剂（食欲增进剂、着色剂、黏结剂、分散剂）等主要用于改善饲料的品质，有些酸化剂在提高饲料利用效率的同时也能改善饲料的品质，如甲酸钙。

B. 药物饲料添加剂　是指为预防、治疗动物疾病、促进动物生长等而掺入载体或者稀释剂的兽药的预混合物质，主要包括预防疾病、促生长用的药物添加剂和用于治疗的药物饲料添加剂，其批准文号分别是"兽药添字"和"兽药字"。

在肉牛上可以使用的药物饲料添加剂有 5 种，分别是莫能菌素钠、黄霉素、盐霉素钠、杆菌肽锌和硫酸黏杆菌素，均属于用于预防和促进生长的药物添加剂。至今还没有批准任何可在肉牛上用于治疗的药物添加剂。添加量为：莫能菌素钠每头每天 200～360 毫克，硫酸黏杆菌素犊牛 5～40 克/吨饲料，杆菌肽锌犊牛（3 月龄以下）10～100 克/吨饲料，黄霉素每头每天 30～50 毫克，盐霉素钠 10～30 克/吨饲料。

27. 肉牛饲料中常用的矿物质元素有哪些？推荐用量是多少？用哪种物质补充最好？

肉牛饲料常用的常量元素有钙、磷、钠、钾、镁、硫 6 种，常用的微量元素有铁、锌、铜、锰、碘、硒、钴 7 种。其中，除钙和磷的需要量因肉牛体重、性别、年龄等差别较大外，其他各种矿物质元素的需要量基本恒定。常量元素的推荐用量以在日粮干物质中所占的百分比计算：钠 0.08%，范围 0.06%～0.10%；钾 0.65%，范围 0.5%～0.7%；镁 0.10%，范围 0.05%～0.25%；硫 0.10%，范围 0.08%～0.15%。微量元素的推荐量以每千克日粮干物质含有多少毫克计算：铁 50 毫克，范围 50～100 毫克；锌 30 毫克，范围 20～40 毫克；铜 8 毫克，范围 4～10 毫克；锰 40 毫克，范围 20～50 毫克；碘 0.50 毫克，范围 0.2～2.0 毫克；硒 0.2 毫克，范围 0.05～0.3 毫克；钴 0.10 毫克，范围 0.07～0.11 毫克。

由于钙和磷可以互相影响对方的吸收和利用效率，因此，在肉牛饲料配制中更强调保持钙、磷适宜的比例，推荐的二者适宜比例为（1.5～2）∶1。

常用的补充钙的物质是碳酸钙（石粉）、磷酸氢钙等。肉牛饲料中一般含有较为丰富的磷，正常情况下不需要额外补充磷，如需补充则使用磷酸氢钙。钠主要是通过食盐补充，食盐用量一般为日粮干物质的 0.15%～0.25%或精料补充料的 0.5%～1%。肉牛在采食青绿饲料时一般可获得足量的钾，不需要通过日粮补充，如需补充一般使用氯化钾或硫酸钾。镁一般使用硫酸镁补充；硫在补充其他元素时可同时获得补充，一般不需要再额外添加；补铁最常用的是硫酸亚铁；锌用硫酸锌补充；铜用氯化铜或硫酸铜补充；锰用硫酸锰、氧化锰、氯化锰补充；碘用碘化钾补充；硒用亚硒酸钠补充；钴用氯化钴、硫酸钴、氧化钴补充。

28. 饲料添加剂选购和使用过程中应注意哪些事项？

饲料添加剂的应用多采用两种方法。最常用的方法是将饲料添加剂和能量饲料、蛋白饲料等配制成营养全面的精料补充料，直接饲喂肉牛。还有一种方式是将其需要的饲料添加剂与载体和黏合剂等混合均匀，然后用特殊的模具制成舔砖（舔块），放到饲槽、运动场或放牧草地上，供肉牛自由舔食。根据舔砖（舔块）成分的不同分为营养型舔砖和盐砖。营养型舔砖主要含有尿素、植物蛋白饲料、糖蜜、玉米面、食盐等，以补充饲料蛋白不足为主；盐砖主要含有食盐和各种矿物质元素，以补充肉牛容易缺乏的食盐和常量、微量元素为主。

（1）选购饲料添加剂的注意事项 养殖场/户在购买饲料添加剂时应该注意以下几点。

①要根据饲料配制的需要购买。不同的饲料原料所需要的饲料添加剂种类有所不同。比如选用盐砖时要特别注意根据饲料和牧草中矿物质的含量选择适宜的舔砖，特别是那些既是肉牛必需又容易引起中毒的微量元素。搭配合理饲料中的蛋白质就不需要再添加氨基酸，饲料原料的维生素含量充足就不需要再添加维生素添加剂。

②要从合法的生产厂家购买。饲料添加剂生产厂家必须具有生产许可证和批准文号，标签标注齐全完整。

③要查看是否在保质期内，不能购买快要到保质期的饲料添加剂。

④要看产品的有效含量，有些厂家生产的产品价格便宜，但可能

有效含量低。

⑤看价格，在同等质量的情况下价格越低越好。

（2）使用饲料添加剂的注意事项　肉牛场/户在使用饲料添加剂的过程中应该注意以下几方面的问题。

①要充分了解所选用原料的养分种类和含量，特别是矿物质元素和维生素。

②不同体重、不同生理阶段、不同增重要求的肉牛对各种养分的需求有所不同，要充分了解肉牛所需要的各种养分及数量。

③要充分理解各种饲料添加剂的特点和功效，严格按照需要或规定的用量添加。添加量不够无法满足需要，添加过量不仅造成浪费还容易引起中毒。

④要注意不同添加剂间的配伍禁忌，要严格按照产品说明使用。

⑤由于饲料添加剂的用量一般都很少，配制时要严格采用少量预拌、逐级混合的方法，防止由于混合不均匀，在饲喂肉牛时导致浪费、中毒或不能满足营养需要。要先将称量好的饲料添加剂与1千克载体（玉米面或麸皮等）混合均匀，将混合好的饲料添加剂再与10千克饲料原料混合均匀，然后再与100千克饲料原料混合均匀，最后再与其他饲料原料混合均匀，这样逐级混合后才能用于饲喂。

⑥要严格按照说明书妥善保存饲料添加剂。绝大多数饲料添加剂宜保存于干燥、阴凉、避光的环境，避免高温和曝晒。特别是药物添加剂中含有特殊的药物，要小心储藏、单纯存放，避免与其他饲料混杂，最好保存在有锁的仓库内，要按使用说明书严格控制剂量，注意配伍禁忌，做好使用记录。

29.　什么是肉牛饲养标准？

根据不同年龄、体重，不同生产目的和生产水平，对肉牛的能量及各种营养物质需要量进行测定，并结合饲料条件，制定出每头牛每日对各种营养物质的需要量，称为"饲养标准"。

在2004年制定了我国肉牛营养需要的专业标准（表2-1）。

表 2-1　生长育肥牛的营养需要

体重 （千克）	日增重 （千克）	干物质 （千克）	肉牛能量 单位 （RND)	综合净能 （兆焦）	粗蛋白质 （克）	钙 （克）	磷 （克）
	0	2.66	1.46	11.76	236	5	5
	0.3	3.29	1.87	15.10	377	14	8
	0.4	3.49	1.97	15.90	421	17	9
	0.5	3.70	2.07	16.74	465	19	10
	0.6	3.91	2.19	17.66	507	22	11
150	0.7	4.12	2.30	18.58	548	25	12
	0.8	4.33	2.45	19.75	589	28	13
	0.9	4.54	2.61	21.05	627	31	14
	1.0	4.75	2.80	22.64	665	34	15
	1.1	4.95	3.02	24.35	704	37	16
	1.2	5.16	3.25	26.28	739	40	16
	0	2.98	1.63	13.18	265	6	6
	0.3	3.63	2.09	16.90	403	14	9
	0.4	3.85	2.20	17.78	447	17	9
	0.5	4.07	2.32	18.70	489	20	10
	0.6	4.29	2.44	19.71	530	23	11
175	0.7	4.51	2.57	20.75	571	26	12
	0.8	4.72	2.79	22.05	609	28	13
	0.9	4.94	2.91	23.47	650	31	14
	1.0	5.16	3.12	25.23	686	34	15
	1.1	5.38	3.37	27.20	724	37	16
	1.2	5.59	3.63	29.29	759	40	17
	0	3.30	1.80	14.56	293	7	7
	0.3	3.98	2.32	18.70	428	15	9
200	0.4	4.21	2.43	19.62	472	17	10
	0.5	4.44	2.56	20.67	514	20	11
	0.6	4.66	2.69	21.76	555	23	12

（续）

体重 （千克）	日增重 （千克）	干物质 （千克）	肉牛能量 单位 （RND）	综合净能 （兆焦）	粗蛋白质 （克）	钙 （克）	磷 （克）
200	0.7	4.89	2.83	22.47	593	26	13
	0.8	5.12	3.01	24.31	631	29	14
	0.9	5.34	3.21	25.90	669	31	15
	1.0	5.57	3.45	27.82	708	34	16
	1.1	5.80	3.71	29.96	743	37	17
	1.2	6.03	4.00	32.30	778	40	17
225	0	3.60	1.87	15.10	342	7	7
	0.3	4.31	2.56	20.71	452	15	10
	0.4	4.55	2.69	21.76	494	18	11
	0.5	4.78	2.83	22.89	535	20	12
	0.6	5.02	2.98	24.10	576	23	13
	0.7	5.26	3.14	25.36	614	26	14
	0.8	5.49	3.33	26.90	652	29	14
	0.9	5.73	3.55	28.26	691	31	15
	1.0	5.96	3.81	30.79	726	34	16
	1.1	6.20	4.10	33.10	761	37	17
	1.2	6.44	4.42	35.69	796	39	18
250	0	3.9	2.20	17.77	346	8	8
	0.3	4.64	2.81	22.72	475	16	11
	0.4	4.88	2.95	23.85	517	18	12
	0.5	5.13	3.11	25.10	558	21	12
	0.6	5.37	3.27	26.44	599	23	13
	0.7	5.62	3.45	27.82	637	26	14
	0.8	5.87	3.65	29.50	672	29	15
	0.9	6.11	3.89	31.38	711	31	16
	1.0	6.36	4.18	33.72	746	34	17
	1.1	6.60	4.49	36.28	781	36	18
	1.2	6.85	4.85	39.08	814	39	18

（续）

体重 （千克）	日增重 （千克）	干物质 （千克）	肉牛能量 单位 （RND）	综合净能 （兆焦）	粗蛋白质 （克）	钙 （克）	磷 （克）
	0	4.19	2.40	19.37	372	9	9
	0.3	4.96	3.07	24.77	501	16	12
	0.4	5.21	3.22	25.98	543	19	12
	0.5	5.47	3.399	27.36	581	21	13
	0.6	5.72	3.57	28.79	619	24	14
275	0.7	5.98	3.75	30.29	657	26	15
	0.8	6.23	3.98	32.13	696	29	16
	0.9	6.49	4.23	34.18	731	31	16
	1.0	6.74	4.55	36.74	766	34	17
	1.1	7.00	4.89	39.50	798	36	18
	1.2	7.25	5.26	42.51	834	39	19
	0	4.47	2.60	21.00	397	10	10
	0.3	5.26	3.32	26.78	523	17	12
	0.4	5.53	3.48	28.12	565	19	13
	0.5	5.79	3.66	29.58	603	21	14
	0.6	6.06	3.86	31.13	641	24	15
300	0.7	6.32	4.06	32.76	679	26	15
	0.8	6.58	4.31	34.77	715	29	16
	0.9	6.85	4.58	36.99	750	31	17
	1.0	7.11	4.92	39.71	785	34	18
	1.1	7.38	5.29	42.68	818	36	19
	1.2	7.64	5.69	45.98	850	38	19
	0	4.75	2.78	22.43	421	11	11
	0.3	5.57	3.54	28.58	547	17	13
325	0.4	5.84	3.72	30.04	586	19	14
	0.5	6.12	3.91	31.59	624	22	14
	0.6	6.39	4.12	33.26	662	24	15

（续）

体重 （千克）	日增重 （千克）	干物质 （千克）	肉牛能量 单位 （RND）	综合净能 （兆焦）	粗蛋白质 （克）	钙 （克）	磷 （克）
	0.7	6.66	4.36	35.02	700	26	16
	0.8	6.94	4.60	37.15	736	29	17
325	0.9	7.21	4.90	39.54	771	31	18
	1.0	7.49	5.25	42.43	803	33	18
	1.1	7.76	5.65	45.61	839	36	19
	1.2	8.03	6.08	49.12	868	38	20
	0	5.02	2.95	23.85	445	12	12
	0.3	5.87	3.76	30.38	569	18	14
	0.4	6.15	3.95	31.92	607	20	14
	0.5	6.43	4.16	33.60	645	22	15
	0.6	6.72	4.38	35.40	683	24	16
350	0.7	7.00	4.61	37.24	719	27	17
	0.8	7.28	4.89	39.50	757	29	17
	0.9	7.57	5.21	42.05	789	31	18
	1.0	7.85	5.59	45.15	824	33	19
	1.1	8.13	6.01	48.53	857	36	20
	1.2	8.41	6.47	52.26	889	38	20
	0	5.28	3.13	25.27	469	12	12
	0.3	6.16	3.99	32.22	593	18	14
	0.4	6.54	4.19	33.85	631	20	15
	0.5	6.74	4.41	35.61	669	22	16
	0.6	7.03	4.65	37.53	704	25	17
375	0.7	7.32	4.89	39.50	743	27	17
	0.8	7.62	5.19	41.88	778	29	18
	0.9	7.91	5.52	44.60	810	31	19
	1.0	8.20	5.93	47.87	845	33	19
	1.1	8.49	6.26	50.54	878	35	20
	1.2	9.79	6.75	54.48	907	38	21

（续）

体重 （千克）	日增重 （千克）	干物质 （千克）	肉牛能量 单位 （RND）	综合净能 （兆焦）	粗蛋白质 （克）	钙 （克）	磷 （克）
	0	5.55	3.31	26.74	492	13	13
	0.3	6.45	4.22	34.06	613	19	15
	0.4	6.76	4.43	35.77	651	21	16
	0.5	7.06	4.66	37.66	689	23	17
	0.6	7.36	4.91	39.66	727	25	17
400	0.7	7.66	5.17	41.76	763	27	18
	0.8	7.96	5.49	44.31	798	29	19
	0.9	8.26	5.64	47.15	830	31	19
	1.0	8.56	6.27	50.63	866	33	20
	1.1	8.87	6.74	54.43	895	35	21
	1.2	9.17	7.26	58.66	927	37	21
	0	5.80	3.48	28.08	515	14	14
	0.3	6.73	4.43	35.77	636	19	16
	0.4	7.04	4.65	37.57	674	21	17
	0.5	7.35	4.90	39.54	712	23	17
	0.6	7.66	5.16	41.67	747	25	18
425	0.7	7.97	5.44	43.89	783	27	18
	0.8	8.29	5.77	46.57	818	29	19
	0.9	8.60	6.14	49.58	850	31	20
	1.0	8.91	6.59	53.22	886	33	20
	1.1	9.22	7.09	57.24	918	35	21
	1.2	9.53	7.64	61.67	947	37	22
	0	6.06	3.63	29.33	538	15	15
	0.3	7.02	4.63	37.41	659	20	17
450	0.4	7.34	4.87	39.33	679	21	17
	0.5	7.66	5.12	41.38	732	23	18
	0.6	7.98	5.40	43.60	770	25	19

（续）

体重 （千克）	日增重 （千克）	干物质 （千克）	肉牛能量 单位 （RND)	综合净能 （兆焦）	粗蛋白质 （克）	钙 （克）	磷 （克）
	0.7	8.30	5.69	45.94	806	27	19
	0.8	8.62	6.03	48.74	841	29	20
450	0.9	8.84	6.43	51.92	873	31	20
	1.0	9.26	6.90	55.77	906	33	21
	1.1	9.58	7.42	59.66	938	35	22
	1.2	9.90	8.00	64.60	967	37	22
	0	6.31	3.79	30.63	560	16	16
	0.3	7.30	4.84	39.08	681	20	17
	0.4	7.63	5.09	41.09	719	22	18
	0.5	7.96	5.35	43.26	754	24	19
	0.6	8.29	5.64	45.61	789	25	19
475	0.7	8.61	5.94	48.03	825	27	20
	0.8	8.94	6.31	51.00	860	29	20
	0.9	9.27	6.72	54.31	892	31	21
	1.0	9.60	7.22	58.32	928	33	21
	1.1	9.93	7.77	62.76	957	35	22
	1.2	10.26	8.37	67.61	989	36	23
	0	6.56	3.95	31.92	582	16	16
	0.3	7.58	5.04	40.71	700	21	18
	0.4	7.91	5.30	42.84	738	22	19
	0.5	8.25	5.58	45.10	776	24	19
	0.6	8.59	5.88	47.53	811	26	20
500	0.7	8.93	6.20	50.08	847	27	20
	0.8	9.27	6.58	53.18	882	29	21
	0.9	9.61	7.01	56.65	912	31	21
	1.0	9.94	7.53	60.68	947	33	22
	1.1	10.28	8.10	65.48	979	34	23
	1.2	10.62	8.73	70.54	1 011	36	23

30. 配制肉牛日粮时要注意哪些问题?

肉牛日粮的配制必须符合生产实际,有实效、安全可靠及经济合理三条原则。具体来讲,要注意以下问题。

(1) 以饲养标准为基础 结合肉牛的具体情况及当地饲料资源等实际条件,灵活应用,酌情修正。

(2) 首先满足肉牛对能量的需要 在此基础上再考虑蛋白质、矿物质和维生素的需要。

(3) 饲料组成要符合肉牛的消化生理特点,合理搭配 肉牛属草食动物,应以粗饲料为主,搭配少量精饲料,粗纤维含量可在15%以上。

(4) 要符合肉牛的采食能力 日粮组成既要满足肉牛对营养物质的需要,又要让牛吃得下,吃得饱。肉牛的采食量为每100千克体重每日干物质2～3千克。

(5) 日粮组成要多样化 发挥营养物质的互补作用,使营养更加全面,适口性也更好。

(6) 实用性和经济性 制作饲料配方必须保证较高的经济效益,以获得较高的市场竞争力。尽量就地取材,选择资源充足、价格低廉的原料,特别是工农业副产品,以降低饲养成本。

(7) 安全性 制作饲料配方选用的各种饲料原料,包括饲料添加剂在内,必须注意原料安全,保证质量,对其品质、等级必须经过检测。饲料卫生标准(GB 13078—91)是国家强制性标准,必须执行。

31. 配制肉牛日粮的基本步骤有哪些?

(1) 配制日粮的基本步骤 ①根据年龄、体重、生产水平,对照饲养标准表,确定需要量;②查饲料成分和市场价格,必要时对饲料原料进行化验,列出饲料的营养成分;③按照经验确定日粮的大致比例,对配方进行计算、比较和平衡调整;④配制饲料,进行生产性能检验和个体观察,对配方进行微调。

(2) 计算饲料配方的方法 饲料配方的计算方法有方形法、试差法及电脑配料等多种。方形法计算简单，在选用的饲料种类较少时，可以较快地获得准确的结果；试差法是目前国内较普遍采用的方法之一，它的优点是可以考虑多种原料和多个营养指标；随着计算机的普及应用，利用电脑配料法最为方便，由计算机对饲料原料的成分和价格进行线性规划，不仅能很快筛选出最佳配方，而且使配料成本更低，但这种方法往往需要专门的软件。

现以试差法为例，说明饲料配方的方法步骤。

举例：1 头体重 300 千克的生长育肥肉牛配制日粮，要求日增重1 千克。

首先查生长育肥牛饲养标准（表 2-1），300 千克生长育肥牛营养需要见表 2-2。

表 2-2 生长育肥牛营养需要标准

体重 （千克）	日增重 （千克）	干物质 （千克）	肉牛能量单位 （RND）	综合净能 （兆焦）	粗蛋白质 （克）	钙 （克）	磷 （克）
300	1.0	7.11	4.92	39.71	785	34	18

再根据当地草料资源，适当地选择粗饲料。如当地有大量青贮玉米秸和野干草，配合日粮时首先选用这些青粗饲料。查饲料营养成分表，其养分含量，列于表 2-3。

表 2-3 青贮玉米及野干草营养成分

饲料名称	干物质 （%）	肉牛能量单位 （RND/千克）	粗蛋白质 （%）	钙 （%）	磷 （%）
玉米青贮	22.7	0.12	1.6	0.1	0.06
野干草	85.2	0.42	6.8	0.41	0.31

按照经验初步拟定青贮玉米秸 14 千克，野干草 2.3 千克。计算初配日粮养分，并与营养需要相比较，列于表 2-4。

表 2-4　初配日粮养分

饲料名称	给量(原样)(千克)	干物质(千克)	肉牛能量单位(RND)	粗蛋白质(克)	钙(克)	磷(克)
玉米青贮	14	3.18	1.68	224	14	8
野干草	2.3	1.96	0.97	156	9	7
小计	16.3	5.14	2.65	380	23	15
营养标准		7.11	4.92	785	34	18
与标准之差		−1.97	−2.27	−405	−11	−3

由表 2-4 平衡情况可知，各营养物质均不足，应搭配富含能量和蛋白质的精饲料、补充钙磷，对配方进行调整。调整的顺序一般为能量、蛋白质、磷、钙、蛋氨酸、赖氨酸等，食盐、维生素、微量元素及其他必需氨基酸种类过多、计算量大，可不在试差法中考虑，而是在配制时按营养标准扣减配方中的量最后加入。

根据本地原料和价值情况，选择玉米、棉籽饼、石粉组成混合精料，查饲料营养成分表，列于表 2-5。

表 2-5　有关精料营养成分

饲料名称	干物质(%)	肉牛能量单位(RND/千克)	粗蛋白质(%)	钙(%)	磷(%)
玉米	88.4	1.0	8.6	0.08	0.21
棉籽饼	89.6	0.82	32.5	0.27	0.81
石粉	100	0	0	33.98	0

计算混合精料的营养，并与青粗料共同组成日粮，再与营养需要量比较，列于表 2-6。

表 2-6　精料混合料

饲料名称	给量(原样)(千克)	干物质(千克)	肉牛能量单位(RND)	粗蛋白质(克)	钙(克)	磷(克)
玉米	1.3	1.15	1.3	112	1	3
棉籽饼	0.9	0.81	0.74	293	2	7
石粉	0.03	0.03	0	0	10	0
小计	2.23	1.99	2.04	405	13	10

再将表 2-6 和表 2-4 中的小计合并，列入表 2-7。

表 2-7　调整后计划日粮养分情况

饲料名称	给量（原样）（千克）	干物质（千克）	肉牛能量单位（RND）	粗蛋白质（克）	钙（克）	磷（克）
表 2-4 小计	16.3	5.14	2.65	380	23	15
表 2-6 小计	2.23	1.99	2.04	405	13	10
合计	18.53	7.13	4.92	785	36	25
营养标准		7.11	4.62	785	34	18
与标准之差		+0.02	−0.23	0	+2	+7

汇总以上结果，可以看出配方与营养标准基本平衡，基本满足营养需求。如不平衡，可再按上述方法进行调整计算。

由表 2-4、表 2-6 可以得到日粮组成为：玉米青贮 14 千克，野干草 2.3 千克，玉米 1.3 千克，棉籽饼 0.9 千克，石粉 0.03 千克。按每千克干物质补喂食盐 1‰计，日粮中还应加食盐 0.07 千克。

至此，该头牛日粮的配方计算过程完成。

在生产实际中，群体肉牛日粮配制的方法和步骤与上述相同。可用牛群个体平均数作为基础，计算出配方和喂量。在饲喂时，凡体重大或瘦弱牛多喂些精料，体重小或采食量多的牛可少喂点精料。粗料可任意采食，让其吃饱。

一般放牧牛和以粗料为主的牛采食量较大；而肥牛、运动量少的牛、瘦弱牛、从小以精料为主的牛采食量较少。天气寒冷和太热时，均影响牛正常采食。所以，制定日粮配方时，可按饲养标准作 10% 以内的上下变动。使用新配合的日粮，最好通过实际饲喂进行日粮检查，观察效果再作适当调整。

三、肉牛饲料的加工

32. 如何合理设计青贮窖?

(1) 青贮容器的要求 不透气,不透水,有一定深度,能防冻。

(2) 青贮容器的种类 根据青贮的形式可分为塑料袋、塔式、堆式、窖式等。最常用的为窖式青贮,适宜各种养殖户(场)使用。这里仅介绍窖式青贮窖。

(3) 青贮窖的大小 青贮窖的大小、多少根据养牛数量、利用期长短和饲喂量来决定。常年以青贮饲料为主要粗饲料,每头肉牛年需要 4 000～5 000 千克。

青贮窖的容重由于窖深度不同、原料不同、压实程度不同而有所差异,一般 400～600 千克/米^3。

(4) 窖型与窖式的选择 根据养牛数量、当地环境温度、地下水位等选择。

①小型养牛户宜采用圆形或方形窖,取料方向由上向下。地下水位低、冬季寒冷的地方,须选择地下或半地下窖。

②大中型养牛场宜采用长方形窖,取料由窖的一端向另一端,选用地上或半地下窖。

(5) 取料窖口的大小 造成青贮饲料二次发酵的最主要原因是由于取料窖口面积过大,大量青贮饲料霉坏。取料窖口的面积(方向由上向下的圆形或方形窖的取料窖口面积为窖口实际面积;由窖的一端向另一端取料的长方形窖的取料窖口面积,为窖宽与窖深的乘积),根据当地的环境温度和饲养牛数决定。

只在冬春季以青贮为主要粗饲料,夏秋季不用的,取料窖口的面积每头肉牛平均不能超过 1～1.5 米^2。

常年以青贮饲料为主要粗饲料，取料窖口的面积每头肉牛平均不能超过 0.7～1.0 米^2（超过此数值时，因每天取喂量少，夏季有可能发生青贮料霉坏）。

窖的深度，首先应根据养牛数量和原料资源多少确定，其次还要考虑劳力、运输资源和铡草机能力，一般深度 2.5～4 米。

（6）窖口过大窖的处理　对于这类窖，可采用一分为二或一分为三的办法。

（7）青贮窖的修建　青贮窖窖址应选在地势较高、土质坚实，窖底离历史最高地下水位 0.5 米以上，离牛舍较近的地方。

1）窖壁的修建

①地下水泥窖：小型窖用砖或石头竖直砌成，大中型窖窖壁外倾 5～10 厘米，用水泥抹为光面。窖深在 3 米以上的，窖壁厚 24 厘米；窖深在 3 米以下的，窖壁厚 12 厘米。每隔 3 米建 1 个大于窖壁厚 12 厘米厚的砖柱，砖柱在窖壁外。

②半地下水泥窖：利用人力踩踏的中小型窖，窖壁厚度 24 厘米，壁内要上下竖直，用水泥抹光。利用机械压实的大中型窖，窖壁外倾 5～10 厘米，窖壁地下部分 24 厘米厚。地上部分不超过 1 米时，24 厘米厚；地上部分超过 1 米时，最上部 0.5 米部分为 24 厘米厚，以下部分由上向下每增加 50 厘米加厚 12 厘米。地上部分每隔 2 米建 1 个大于窖壁厚 24 厘米的砖柱。

2）窖底的修建　对于采用机械取料的大型窖，需做成水泥抹面的混凝土，或用立砖铺成 12 厘米厚。对于采用人工取用的大中型窖，用 20～30 厘米厚的三合土夯实修平，上铺一层砖，用沙土抹缝。对于采用人工取用的小型窖，用土夯实修平，上铺一层砖，用沙土抹缝。

33. 什么是青贮饲料？

青贮饲料就是把新鲜的青饲料切短填入密闭的青贮窖里，经过微生物的发酵作用而调制成的一种柔软多汁、具有酸甜芳香气味、营养丰富、适口性好、耐贮藏的饲料。青贮饲料基本上能保持青饲料原有的一些特征，其营养成分一般损失 10%～15%，其中蛋白质及胡萝卜素的损失量更少。

青贮饲料的原料来源广，一般块根、野草、树叶等均可用来青贮。青贮饲料内含有机酸，当喂量合适时（不宜超过日粮的 40%），能够促进牛的消化腺分泌，对提高饲料消化率有良好作用，但喂量过多对肉牛不利，应与干草配合饲喂为好。

34. 哪些植物适合制作青贮饲料?

（1）凡是无毒无害的青绿作物，如玉米、小麦、燕麦、牧草及其他农副产品都可作为青贮的原料。其中以含糖类物质较多的禾本科植物为好。

（2）豆科作物和豆科牧草不宜单独青贮，因含糖量小，它们所含的蛋白质多并易变质、发臭。为提高青贮饲料的质量，可将豆科与禾本科混合青贮，增加乳酸菌的含量，抑制其他腐败细菌滋生；豆科草青贮可以用加糖等方法制作。

（3）块根饲料可与麦麸、草粉或干甜菜丝分层混贮，以防止因水分过多而变质和营养流失。

应掌握好青贮原料的收割期和含水量。含糖量较多的禾本科饲料如玉米以蜡熟期收割为最好。收割过早其干物质含量少，含水量过多，贮后酸度大，适口性差，并易腐败。青贮原料的含水量适宜范围 65%～75%。若水分过少，青贮时应适当加水。若水分过多，在入窖前应晾晒 1～2 天再铡贮，或加 5%～8% 干糠，以吸收其水分。

35. 如何制作青贮饲料?

青贮饲料的制作可以分为以下步骤。

（1）第一步是原料的选择与收运

选用收获籽实后的玉米要及时运到青贮窖房；如选用整株玉米青贮应在蜡熟期，即干物质含量为 25%～35% 时收割；豆科牧草青贮宜在现蕾期至开花初期进行刈割；禾本科牧草青贮在孕穗至抽穗期刈割；甘薯藤、马铃薯茎叶青贮在收薯前 1～2 天或霜前刈割。

原料刈割后立即运至青贮地点，收运的时间越短越好，这样既可保持原料中较多养分，又能防止水分过多流失。

（2）第二步铡短青贮原料

对于牛来说，细茎植物如禾本科牧草、豆科牧草、幼嫩玉米苗、甘薯秧等切成 3～4 厘米即可；粗茎植物或粗硬的植物，如玉米、向日葵等切成 2～3 厘米较为适宜。

（3）第三步装填压紧

装窖前先将窖或塔打扫干净，窖底部铺一层 20 厘米厚的干麦草或干秸秆，以便吸收青贮液汁。若为土窖或四壁密封不好，可铺塑料薄膜，然后把切碎的玉米秸等装入窖内。装填青贮料时应逐层装入，每层装 15～20 厘米厚，装后立即踩实，然后继续装填。要做到一边切一边装一边踩实，特别是窖的周边更应注意踩实，要达到弹力消失的程度，一直装到高出窖面 1 米为止。长方形窖或地面青贮时，可用拖拉机进行碾压；小型窖亦可用人力踩实，确保发酵完成后饲料下沉不超过深度的 10%。

注意装填原料的速度要快，要一气呵成，最好 1～2 天内将全部原料装在窖内并封好，最迟不要超过 3 天。容积较大的窖，在 1～2 天内装不满时，应采用逐层分段摊平压实的方法。

（4）第四步封窖

原料装至高出窖面 1 米左右呈馒头形状后，先在上面盖一层切短的秸秆或软草，厚 20～30 厘米，在碎草上面覆盖土或覆盖一层塑料布后覆盖土，踩实，窖四周 1 米处挖好排水沟，制作完成。覆土层厚度一般应超过当地冬天最大冰土深度的厚度，北方地区要适当厚些，通常覆盖土层 30～50 厘米。

（5）第五步青贮窖的维护

一般经 1～2 个月青贮成熟，启封应从一端开启，每次用后及时密封。通过观察颜色、捏质地、闻气味检查青贮饲料的质量。

特别注意：封土后 3～5 天饲草下沉，窖顶会出现裂缝或凹坑，应经常检查，及时用新土填补覆盖，防止漏气漏水。还要防止青贮二次发酵，即发酵完成的青贮饲料在温暖季节开启后，空气随之进入，好气性微生物重新大量繁殖，青贮饲料中的营养物质也因此大量损失，并产生大量的热，出现好气性腐败的现象。

36. 制作青贮如何使用添加剂？

青贮中使用添加剂技术可以大大提高青贮效果。使用的添加剂可以分成三大类，即营养添加剂、防腐剂和有害微生物抑制剂（或酵素制剂）。

(1) 营养添加剂 使用营养添加剂的目的主要是提高青贮饲料的蛋白质和无机盐，这类添加剂还可缓冲酸碱度，使青贮发酵过程中产生更多的酸。如制作青贮时，将尿素或氨液加入玉米饲料中，可提高玉米青贮的粗蛋白质含量，同时可以保护部分玉米蛋白质不受微生物的破坏。瘤胃中寄生的微生物具有利用一定量的尿素合成高质量氨基酸的能力，所以青贮中添加一些尿素可以作为粗蛋白质的来源，加尿素的条件是每吨青贮料中含干物质量大体不超过40%，此时每吨切好的粗料中加 4.5 千克尿素，相当于增加 12.7 千克粗蛋白质，1 吨干物质含量为 40% 的全株玉米约含 26 千克粗蛋白质，加上尿素的量，合计可有 38.7 千克粗蛋白质。粗略地说，青贮的粗蛋白质含量可从原来的 2.6%，增加到 3.9% 左右，即粗蛋白质含量增加 50%。这对满足牛的产肉所需的总蛋白质量提供了一定的保证。

(2) 防腐剂 保证青贮质量的重要原则之一是形成能抑制霉菌的有机酸。全株玉米青贮的 pH 要求是 3.8～4.0，添加石粉可以明显提高 pH，使酸度下降，而营养成分好的乙酸和乳酸的比例增加。添加石粉还可使青贮的水分降低和钙含量增加。玉米青贮还可以加氨，通常有加氨液、液氨与无机盐混合液、液氨加无机盐加糖蜜等形式。加氨剂的好处：一是提高乙酸乳酸的比例，提高 pH 和蛋白质量；二是青贮出窖后不易败坏。未经铵盐处理的青贮，取出来喂不完，24 小时左右就会在青贮小堆内产生高热，牛拒食。经氨处理的青贮，取出后 24 小时内不致发热，其饲养效果可接近豆饼，粗蛋白质含量可高达 12.5%～13%。

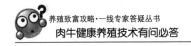
(3) 有害微生物抑制剂　常用的有甲酸、甲醛等。

37. 干玉米秸秆黄贮时要注意哪些事项?

干玉米秸秆是我国广大农区的重要农副产品,干玉米秸秆黄贮用作牛的粗饲料,不仅能带来经济效益,而且也避免了资源的浪费和环境污染。

玉米秸秆经过黄贮后质地变软,并具有酸香和酒味,适口性明显提高,与未经黄贮处理的秸秆相比,牛采食速度可提高 42%,采食量可增加 20% 左右。同时,在黄贮过程中,玉米秸秆中的纤维素和木质素部分被降解,纤维素和木质素的复合结构被破坏,瘤胃微生物与秸秆纤维能充分接触,促进了瘤胃微生物的活动,增强了瘤胃微生物蛋白和挥发性脂肪的合成量,提高了秸秆的营养价值和消化率。玉米秸秆通过黄贮,消化率能提高 61.2%。干玉米秸秆在黄贮过程中需注意以下问题。

(1) 做好黄贮前的准备工作　一般要求玉米籽实成熟后尽早进行收获,并立即将秸秆进行黄贮。我国北方地区一般在 10 月初贮完。玉米秸秆应边收边贮,尽量避免暴晒和减少堆积发热,以保证新鲜。尽量不要在雨天进行收割、运输和贮存,以减少泥土的污染。要对贮窖、贮壕进行清理,将杂物、污水和剩余的黄贮料彻底清除、晒干后再进行贮料。

(2) 切碎　干玉米秸秆尤其在节结部最难贮好,黄贮前必须切碎,一般以长 2~2.5 厘米为宜,目的是使玉米秸秆的汁液渗出湿润表面,所含的糖分能溶解并均匀地分布,这样利于乳酸菌迅速发酵,也便于压实,提高贮量。

(3) 加水　玉米秸秆黄贮成败的关键在于加水。如果玉米秸秆含水量较高,在装窖或壕的前段时间可不加水,装填到距窖口 50~70厘米处开始加少量水。如果玉米秸秆不太干,其所需补加的水量较少,应在贮料装填到一半左右时开始逐渐加水。如果玉米秸秆十分干燥,在贮料厚达 50 厘米时就应逐渐加水。加水要先少后多、边装边加边压实。加水量要根据原料实际水分含量而定,以贮料的总含水量达 65%～75%为宜。加水最好用喷洒的办法，使秸秆潮湿，边湿润边黄贮，以干秸秆不淌水为度，应随时注意水的添加量，以贮料手握成团有水渗出，但指缝内不滴水，松开手后慢慢散开为宜。

（4）压紧 压紧对干玉米秸秆黄贮尤为重要。贮料是否压实主要取决于贮料的长短、含水量和压实的方法。压紧可为乳酸菌的繁殖提供有利的条件，并把原料中的汁液挤压出来，为乳酸菌的繁殖提供养分。做好压紧也可以补救黄贮中加水不足或切铡不细的缺陷，特别要注意靠近窖壁和拐角的地方不能留有空隙。

此外，要注意玉米秸秆装填的时间一般在 3 天左右，最好不超过 7 天。为了提高玉米秸秆黄贮的质量，如贮料过干、含糖量较低时，可逐层添加 0.5%～1%玉米面，为乳酸菌发酵提供充足的糖原；或添加乳酸发酵剂，1 吨贮料中添加乳酸菌培养物 450 克或纯乳酸菌剂 0.5 克，可促进乳酸菌的大量繁殖；按 0.5%的比例添加尿素，可提高黄贮玉米秸秆的蛋白含量。甲醛有抑制贮料发霉变质和改善饲料风味等作用，添加量为 3.6 千克/吨料。玉米秸秆黄贮过程中若在原料中添加了食盐，饲喂牛时应注意从日粮中扣除相应部分食盐。

除玉米秸秆黄贮外，其他如高粱秆、甘薯藤、向日葵秆、野干草、马铃薯茎叶等都能贮用，方法基本相同。

麦秸也能黄贮，如果有新鲜的胡萝卜、白菜、南瓜及其他瓜类，可以用 100 千克瓜菜与 15 千克麦秸混拌，制作的黄贮是肉牛的极好饲料。

38. 取用青贮饲料应注意哪些事项？

（1）开启容器的时间 带籽实禾本科原料（如全株玉米），在制作青贮 30 天后，其他原料在 40 天后，即可开启容器使用。

（2）取用方法 取料时逐层、逐段取用，严禁掏洞。每次取料后要覆盖窖面或取料的剖面，防止暴晒、雨淋。

青贮窖一经打开，应连续使用。如遇特殊情况需暂时停用保存，应和制作青贮时封窖一样封严，防止空气和雨水进入。

（3）取量 取料应坚持每天取，不能一天取几天的用量。每天的

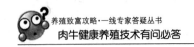

取料量应根据饲喂量确定，当天取出的应当天喂完。

39. 如何计算青贮饲料的重量？

青贮窖贮存容量与原料重量有关，与青贮窖的窖形有关。青贮全株玉米，每立方米重 500～600 千克；去穗的玉米秸，每立方米重 450～500 千克；人工或野生牧草，每立方米重 550～600 千克。

根据上述数据，可以计算出窖内青贮的成品重量。

(1) 圆形窖

贮存容量＝半径^2×3.14×深度×每立方米青贮的重量   (1)

(2) 长方形窖

贮存容量＝长度×宽度×高度×每立方米青贮的重量   (2)

(3) 梯形窖　宽度以中腰部为准，其他同长方形窖。

如果宽度为 1.5 米，高度为 1.8 米，长度为 2 米，玉米秸每立方米重量为 500 千克，把这些数值代入（2）式

贮存容量＝2×1.5×1.8×500＝2 700 千克

挖窖时一般宽度和高度固定，长度可以调节，养 1 头牛 1 年需 5 000千克青贮时，青贮窖要多长呢？

窖长度＝青贮需要量÷（窖宽×窖深×每立方米青贮重量）

(3)

将上面的数值代入（3）式

窖长度＝5 000÷（1.5×1.8×500）≈3.7 米

即此窖长 3.7 米，就够 1 头牛全年青贮的备用量。从这一例子来看，1 头牛全年喂青贮，就要 10 米^3 青贮窖，如果半年可供青草，只要 5 米^3 就够了。

有了以上几个公式就可以计算任何头数牛的青贮体积了。

40. 如何鉴定青贮饲料品质？

青贮饲料的感官品质根据色、香、味、质地进行鉴定。青贮饲料的感官品质鉴定标准见表 3-1。感官品质鉴定为下等的青贮饲料不能

饲喂牛，中等的要减少饲喂量。

表 3-1 青贮饲料的感官品质鉴定标准

等级	颜 色	气 味	质 地	pH
上	绿色、黄绿色	芳香酸味	松散与柔软	3.4~4.2
中	黄褐、暗绿色	芳香味淡、酸味浓	柔软、稍干或水分多	4.3~4.8
下	黄色、褐色	腐败与霉味	干燥松散或黏结成块	5.0以上

41. 哪些饲草适宜制作青干草？如何鉴定青干草的品质？饲喂时应注意什么问题？

青干草是将牧草及禾谷类作物在质量和产量最好的时期刈割，经自然或人工干燥调制成的能够长期保存的饲草。

（1）适宜制作干草的饲草种类

适合制作干草的草种类很多，如豆科牧草紫花苜蓿、红三叶、沙打旺、草木樨、苕子等，禾本科牧草黑麦草、鸡脚草、羊草、披碱草、冰草、苏丹草、狗牙根等，青刈作物有黑麦、燕麦、谷子等，以及天然草地的天然牧草，均能调制成优质干草及草产品。

（2）如何鉴定干草的品质

好的干草适口性好，蛋白质、维生素和矿物质含量较高。在生产实践中鉴定干草的品质，多用感官来判断通常通过以下几方面来进行鉴定。

①颜色和气味　干草的颜色是反映干草品质优劣最明显的标志。优质干草呈绿色，而绿色越深其营养物质损失就越小，所含可溶性营养物质、胡萝卜素及其他维生素越多，品质就越好。适时刈割的干草都具有浓厚芳香的气味，如果干草有霉味或焦灼的气味，说明其品质不佳。

②叶片含量　干草中叶片的营养价值较高，所含的矿物质、蛋白质比茎秆中多 1~1.5 倍，含胡萝卜素多 10~15 倍，含纤维素少，消化率高 40%。干草中的叶量多，品质就好。禾本科牧草的叶片不易脱落，优质豆科牧草干草中叶量应占干草总重的 50% 以上。

③牧草刈割时期　适时刈割调制是影响干草品质的重要因素，一般栽培豆科牧草在现蕾开花期、禾本科牧草在抽穗开花期刈割比较适宜。适时刈割，牧草结实花序的枝条较多，叶量也多，茎秆质地柔软，适口性好，品质佳。刈割过迟，干草中叶量少，带有成熟或未成熟的枝条量较多，茎秆坚硬，适口性、消化率都下降，品质低劣。

④牧草组分　干草中各种牧草所占比例也是影响品质的重要因素，豆科牧草占比例大品质较好，杂草多时品质较差。

⑤含水量　干草的含水量应为17%左右。凡是含水量在17%以下，毒草及有害草不超过1%，混杂不可食草在一定范围之内，不经任何处理即可贮藏或者直接喂牛，可定为合格干草。

(3) 饲喂干草时应注意哪些问题

①认真剔除混在干草中的杂质，尤其要注意铁钉及捆草的铁丝、尼龙绳等，以防发生意外。

②不能饲喂含有毒有害植物制备的干草和霉变的干草，霉变的干草不仅养分损失严重、品质差，而且会产生有害肉牛健康的物质。

42. 怎样加工调制肉牛粗饲料？

饲料的加工调制是提高饲料利用率、充分发挥饲料营养作用的一项有效措施。饲料加工调制工作的作用有三：①清除饲料中的异物，保证饲喂安全；②增强饲料的适口性，易于肉牛采食，提高消化吸收率；③提高营养价值。常用的加工调制方法有：粉碎、水浸、蒸煮、发酵、发芽和经生物化学加工等。

(1) 粉碎（包括铡短、切碎）　是加工籽实饲料的一种重要方法，即将不易被牛消化吸收的整粒籽实，用锤式粉碎机破碎成直径0.5～1.0毫米的颗粒。饲料粉碎便于肉牛采食、咀嚼消化，从而提高饲料的消化率和利用率。

铡短、切碎是用于加工青刈饲草、秸秆和块根类饲料的一种调制方法。块根类饲料以加工成块状为好，也可切成2～3厘米（寸草），不宜粉碎成粉状，以免影响牛的反刍。

(2) 水浸与蒸煮　水浸可以软化饲料，便于肉牛吞咽，增加适口性。水浸是用于粉碎后的松散籽实饲料和较硬的干饲草秸秆的一种加工方法。蒸煮的饲料，便于肉牛咀嚼和提高消化率。蒸煮是适用于难以消化的籽实饲料的一种加工方法；夏天可以制成凉粥料，冬天可以制成温热粥料。蒸煮块根类饲料时，薯类要蒸熟，而胡萝卜可蒸至半熟，以防维生素被高温破坏。

(3) 发酵与发芽 饲料发酵，是一种以酵母和乳酸菌活动为主的糖化过程。即在粉碎的籽实饲料中加入 2.0～2.5 倍的热水，保持在 55～60℃ 条件下，经 4 小时即可发酵饲喂。如在粉料中加水 2～3 倍，煮沸（100℃ 以上），然后降温到 60℃ 左右，再加入 2% 麦芽保温 4 小时，其糖化作用加快，而且质量更好。发酵后的饲料含糖率可提高 8%～12%，并可提高适口性和饲料的生物学价值。

发芽饲料多用麦类籽实，即将大麦或燕麦在温度 18～25℃、湿度 90% 以上的适宜条件下，使芽胚开始萌发，一般经 6～8 天即可利用。短芽（0.5～1.0 厘米）含有丰富的维生素 E，长芽（6～8 厘米）含胡萝卜素丰富，可作为维生素 A、维生素 E 的补充饲料。发芽的种子含有较多的营养物质，特别是蛋白质含量较多，促进肉牛增重，还能促进公牛的性欲和提高精液品质。

(4) 化学处理 是提高粗饲料（秸秆与质地差的饲草）消化率的一种有效方法。粗饲料经过碱化处理后，可将不易溶解的木质素变为易溶解的羟基木质素，使粗饲料质地软化，适口性增强，使牛的采食量增加 20%～45%，可提高饲料的消化率和营养价值 20%～30%。常用的化学处理法有以下几种。

①石灰液处理法：取 3 千克生石灰或 4 千克熟石灰，加水 200～250 千克配成石灰液。将 100 千克切碎的秸秆浸泡于石灰液中，经 12～36 小时即可饲喂。在石灰液中加入 0.5～1.0 千克食盐，可增加适口性。

②氢氧化钠（苛性钠）溶液处理法：将秸秆切成 2～3 厘米长，配制浓度为 1.6% 氢氧化钠溶液，溶液量为调制秸秆重量的 6%，用喷雾器均匀地将溶液喷洒在秸秆上，使之湿润，经 5～6 小时后将余碱用清水洗去，即可饲喂或压制成饼再喂。处理过的秸秆可比未经处理的营养价值提高一倍。

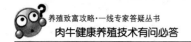

③氨化处理：在池内向一定量的秸秆中加入重量 20％～25％的氨液，拌匀后密闭 5～7 天（冬季 10～15 天）。饲喂前打开池盖通气 1 天。这样处理过的秸秆，其干物质消化率可由 59％提高到 64％，总营养价值也有所提高，对肉牛增重效果好。

农村易操作的氨源为尿素，也可用碳酸氢铵、纯氨和各种氨源，用量应折合为纯氨占秸秆的 3％左右。

四、肉牛饲养育肥技术

43. 牛的消化器官有哪些特点？

牛是反刍动物，能消化大量的粗饲料，还能合成单胃动物所不能合成的一些维生素和某些氨基酸。这是由其消化器官构造的特殊性所决定的。

牛胃由 4 部分组成，分别是瘤胃、网胃（蜂巢胃）、瓣胃和皱胃（真胃）。瘤胃和网胃由 1 个叫作蜂巢瘤胃壁的皱叠组织相连接，使采食入胃的食物可以在这两胃之间流动。

(1) 瘤胃　瘤胃是第一胃，它是整个胃中最大的部分，占胃总容量的 80% 左右。它的容量因体躯大小而异，成年牛为 151～228 升。它是饲料的贮存库，牛将吞咽的饲料先存入瘤胃。瘤胃中有大量的微生物，每毫升胃液中有细菌 400 亿～500 亿之多，原虫数量也在几十万以上。这些微生物利用粗料，通过其自身的繁殖，生成大量低价、便于牛利用的蛋白质，甚至将一些氮素转化成必需氨基酸。还能合成许多必需的维生素，包括 B 族维生素。还能将纤维素和戊聚糖分解成乙酸、丙酸和丁酸，这些短链的脂肪酸通过胃壁吸收，为牛提供约 3/4 的能量。

反刍是牛采食的特点。牛在瘤胃充满一定的食物后，开始反刍。反刍时饲料从瘤胃中倒上来，在口腔中咀嚼，再重新吞咽入瘤胃，由微生物进一步分解、消化。这使得牛能消化大量的粗料。

瘤胃消化功能有以下 4 个方面：①合成复合维生素 B；②利用劣质蛋白质；③将一定量的非蛋白氮转化成蛋白质；④消化大量的粗饲料。

瘤胃中有大量微生物参与消化过程。因此，如果微生物在瘤胃中能得到恰当培养,不仅能提高饲料报酬,还能保障牛的营养需要和体质健壮。

(2) 网胃(蜂巢胃) 网胃与瘤胃紧密相连,是异物(如铁丝、铁钉等)容易滞留的地方。这些异物,如果不是很锐利的话,在网胃中可以长期存在而无损于健康。网胃的主要功能之一,是贮存会引起其他组织严重损害的异物。

(3) 瓣胃 瓣胃是牛胃的第三组成部分,它由很强的肌肉壁组成,其功能还未被完全弄清。但它能滤去饲料中的水,将黏稠部分推入皱胃。

(4) 皱胃(真胃) 皱胃是胃的第四组成部分。它的功能与猪等单胃动物的胃相似,分泌消化蛋白质所必需的胃液,食物离开皱胃后就进入小肠。其后的消化过程与单胃动物相似。

犊牛大约在出生后第3周出现反刍,这时犊牛开始选食草料,瘤胃内有微生物滋生,腮腺开始分泌唾液。试验证明,提早训练采食粗料,可使犊牛提前出现反刍;喂以成年牛逆呕出来的食团,犊牛甚至可提前8~10天出现反刍。

44. 什么是肉牛育肥?

育肥就是供给牛高于其本身维持和正常生长发育所需营养的日粮,使多余的营养以脂肪的形式沉积于体内,获得高于正常生长发育的日增重,缩短出栏时间,使牛提前上市。对于幼牛,其日粮营养应高于维持营养需要和正常生长发育所需营养;对于成年牛,只要大于维持营养需要即可。

由于维持需要不生产产品,又是维持生命活动所必需,所以在育肥过程中,日增重越高,维持需要所占的比重越小,饲料的转化率就越高。各种牛只要体重一致,其维持需要量相差不大,仅仅是沉积的体组织成分的差别。所以,降低维持需要量的比例是肉牛育肥的中心问题,也就是说,提高日增重是肉牛育肥的核心问题。

日增重受到生产类型、品种、年龄、营养水平和饲养管理方式的直接影响,同时确定日增重的大小也必须考虑经济效益、牛的健康状况。在我国现有的生产条件下，最后 3 个月育肥的日增重以 1.0～1.5 千克更经济。

不同的营养供给方式影响肉质。养殖者应根据市场需要，生产适销对路的牛肉，选择不同的营养供给方式。

45. 肉牛育肥的方式有哪几种?

按牛的年龄可分为犊牛育肥、幼牛育肥和成年牛育肥；按牛的性别可分为公牛育肥、母牛育肥、阉牛育肥等；按育肥所采用的饲料种类分为干草育肥、秸秆育肥和糟渣育肥；按饲养方式可分为放牧育肥、半舍饲半放牧育肥和舍饲育肥，也可以分为持续育肥和吊架子育肥（后期集中育肥）。虽然牛的育肥方式方法各异，但在实际生产中往往是互相交叉应用的。

(1) 放牧育肥 是指从犊牛到出栏，完全采用草地放牧育肥而不补饲。这种育肥方式适合于人口较少、土地充足、草地广阔、降水量充沛、牧草丰盛的牧区和半农半牧区。

如果有较大面积的草山草坡可以种植牧草，在夏天青草期除供放牧外，还可保留一部分草地，收割调制青干草或青贮料作为越冬饲用。该育肥方法较为经济，但饲养周期长，这种方式也可称为放牧育肥。

(2) 半舍饲半放牧育肥 夏季青草期牛群采取放牧育肥，寒冷干旱的枯草期在牛舍内圈养，这种半集约的育肥方式称为半舍饲半放牧育肥。

采用这种育肥方式，不但可以利用草地放牧，节省投入，且犊牛断奶后可以低营养过冬，在第二年青草期放牧能获得较理想的补偿增长。此外，采用此种方式育肥，还可在屠宰前有 3～4 个月的舍饲育肥，从而达到最佳的育肥效果。

(3) 舍饲育肥 这是一种肉牛从育肥开始到出栏为止全部实行圈养的育肥方式。其优点是使用土地少，饲养周期短，牛肉质量好。缺点是投资大，育肥过程中需要较多的精料，育肥成本较高。采用此种育肥方式时，在保证饲料充足的条件下，自由采食时效果较好。

(4) 持续育肥 又叫直线育肥,是指在犊牛断奶后立即转入育肥阶段,给以高水平营养进行育肥,一直到适当体重时出栏。持续育肥较好地利用了牛生长发育快的幼牛阶段,日增重高,饲料利用率也高,出栏快、肉质好。

(5) 架子牛育肥 架子牛育肥又称后期集中育肥,是在犊牛断奶后,按一般饲养条件进行饲养,达到一定年龄和体况后,充分利用牛的补偿生长能力,采用在屠宰前集中3~4个月进行强度育肥。要注意的是,若牛的吊架子阶段过长,肌肉生长发育受阻过度时,即使给予充分饲养,最后体重也很难与持续育肥的牛相比,而且胴体中骨骼、内脏比例大,脂肪含量高,瘦肉比例较小,肉质欠佳。

46. 怎样进行犊牛育肥?

(1) 犊牛肉的种类及特点 犊牛育肥是肉牛持续育肥的生产方式之一。使用犊牛所生产的牛肉有白牛肉、红牛肉和普通犊牛肉。犊牛出生后仅饲喂鲜奶和奶粉,不饲喂任何固体饲料,犊牛达到3~5月龄、体重150~200千克时,即进行屠宰,这样生产的牛肉称为白牛肉。犊牛出生后仅饲喂玉米、蛋白质补充料和营养性添加剂,而不饲喂任何粗饲料,当达7月龄、体重350千克左右时屠宰,这样生产的犊牛肉称为红牛肉。犊牛肉是指犊牛出生后,饲喂高营养日粮,包括精料和粗料,快速催肥,月龄达到12个月、体重达到450千克左右时屠宰所得到的牛肉。

(2) 犊牛肉的生产技术

①犊牛的选择:生产犊牛肉大多是以淘汰的乳用或兼用牛的公犊,喂过5天初乳后即转入饲养场。乳用公犊牛生长快,饲料转化效率高,肉质好,适合生产犊牛肉。出生重宜在40千克以上,平均重量45千克。出生体重大比出生体重小的犊牛在以后的增重上有着明显优势。此外,犊牛应健康无病,无不良遗传症状,无生理缺陷,饮过初乳,体型结实。

②白牛肉的生产:从出生到100或150日龄,全期仅饲喂鲜奶和低铁奶粉,不饲喂其他固体饲料,牛肉色白,肉质细嫩,乳香味浓。

平均每生产 1 千克白牛肉要消耗鲜奶 11.0~12.4 千克或者奶粉代乳粉 1.3~1.46 千克。

加拿大生产白牛肉的方法是：奶牛公犊出生后仅饲喂牛奶，体重达到 145 千克时出售。犊牛的牛奶采食量随着年龄的增长而增加，达到 9~12 千克/时，保持这一水平，直至达到出售体重。犊牛每增重 1 千克大约需要 10 千克牛奶，日增重 0.9~1 千克。也可以用代乳粉生产白牛肉，代乳粉的成分应与牛奶相似，只是脂肪含量较高（20%）。另外，白牛肉的铁含量较低，生产白牛肉的犊牛由于牛奶或代乳粉中铁含量不能满足其营养需要，故血红蛋白水平只有正常水平的一半，所以使肌肉呈现白色。白牛肉的代乳粉配方参考值见表 4-1，代乳粉的参考饲喂量见表 4-2。

表 4-1　生产白牛肉的代乳料配方参考值（%）

配方编号	熟豆粕	熟玉米	乳清粉	糖蜜	酵母蛋白粉	乳化脂肪	食盐	磷酸氢钙	赖氨酸	蛋氨酸	复合维生素	微量元素	鲜奶香精或香兰素
1	35	12.2	10	10	10	20	0.5	2	0.2	0.1	适量	适量	0.01~0.02
2	37	17.5	15	8	10	10	0.5	2	0	0		适量	0.02

注：配方 1 可加土霉素药渣 0.25%，两配方的微量元素不含铁。

表 4-2　代乳粉的饲喂量参考值

周龄	代乳粉（克）	水（升）
1	300	3
2	600	6
8	1 800	12
12~14	3 000	16

③红牛肉的生产：奶用公犊牛断奶后使用一般精饲料肥育，饲养到 7 月龄体重达 350~370 千克时出栏，所生产的牛肉为红牛肉。在哺乳期间不补粗饲料，只饲喂整粒玉米与少量添加剂，断奶后完全用整粒玉米、蛋白质补充料和部分添加剂饲喂。饲喂方式为自由采食，预计每头日进食量为 6~8 千克，日增重达 1.3~1.5 千克。如改为玉米粒压扁或粗粉饲喂，效果还会更好。

④普通犊牛肉的生产：一般选用荷斯坦小公牛或大型肉牛与黄牛杂交一代小公牛。在初生重 38～40 千克的基础上饲养 365 天，日增重 1.2～1.3 千克。饲养结束时，荷斯坦公牛体重可达 450～500 千克，杂交一代公牛约 300 千克。犊牛每增重 1 千克消耗日粮干物质 6.59～7.29 千克，包括精料 3.22～5.85 千克和粗饲料 1.9～3.75 千克。

(3) 管理 在日常管理过程中，要定时定量饲喂，并保证充足的饮水；舍温应保持在 14～20℃，并保证牛舍通风良好；牛舍内每日清扫粪尿 1 次，并用清水冲洗地面，每周于室内消毒 1 次；牛床最好是采用漏粪地板，防止牛与泥土接触，防止犊牛下痢。

47. 怎样进行育成牛的直线育肥？

利用牛早期生长发育快的特点，在犊牛 5～6 月龄断奶后直接提供高水平营养，进行强度育肥，13～24 月龄体重达到 360～550 千克时出栏，这样育肥方式叫直线育肥或持续育肥。这样生产的牛肉鲜嫩多汁，脂肪少，适口性好，属于高档牛肉中的一种，在国内外的肉牛育肥方式中经常采用。育成牛直线育肥可分为舍饲强度育肥和放牧补饲强度育肥 2 种。

(1) 舍饲强度育肥技术 指在育肥的全过程中采用舍饲，不进行放牧，保持始终一致的较高营养水平，一直到肉牛出栏。采用该种方法，肉牛生长速度快，饲料利用率高，饲养期短，育肥效果好。

舍饲强度育肥可分 3 期进行：①适应期，刚进舍的断奶犊牛不适应环境，一般要有 1 个月左右的适应期。②增肉期，一般要持续 7～8 个月，分为前后 2 期。③催肥期，主要是促进牛体膘肉丰满，沉积脂肪，一般为 2 个月。舍饲强度育肥饲养管理的主要措施有如下几点。

1) 合理饮水与给食 从市场购回断奶犊牛，或经过长距离、长时间运输进行易地育肥的断奶犊牛，进入育肥场后要经受饲料种类和数量的变化，尤其从远地运进的易地育肥牛，胃肠食物少，体内严重缺水，应激反应大。因此，第一次饮水量应限制在 10～20 千克，切忌暴饮。如果每头牛同时供给人工盐 100 克，则效果更好。第二次给水时间应在第一次饮水 3～4 小时后，此时可自由饮水，水中如能掺些麸皮则更好。当牛饮水充足后，便可饲喂优质干草。第一次应限量饲喂，按每头牛 4～5 千克供给；第 2～3 天逐渐增加喂量；5～6 天后才能让其自由充分采食。青贮料从第 2～3 天起饲喂。精料从第 4 天开始供给，也应逐渐增加，而不要一开始就大量饲喂。开始时按牛体重的 0.5％供给精料，5 天后按 1％～1.2％供给，10 天后按 1.6％供给，过渡到每日将育肥喂量全部添加。经过 15～20 天适应期后，采用自由采食法饲喂，这样每头牛不仅可以根据自身的营养需求采食到足够的饲料，且节约劳力。同时，由于牛只不同时采食，可减少食槽。

2）隔离观察　从市场购回断奶犊牛，应对入场牛隔离观察饲养。注意牛的精神状态、采食及粪尿情况，如发现异常现象，要及时诊治。

3）分群　隔离观察临结束时，按牛年龄、品种、体重分群，目的是使育肥达到更好效果。一般 10～15 头牛分为一栏。分群当晚应有管理人员不时地到牛舍查看，如有格斗现象，应及时处置。

4）驱虫　为了保证育肥效果，对购进的育肥架子牛应驱除体内寄生虫。驱虫可从牛入场的第 5～6 天进行，驱虫 3 天后，每头牛口服健胃散 350～400 克健胃。驱虫可每隔 2～3 个月进行 1 次。

5）运动　肉牛既要有一定的活动量，又要让它的活动受到一定的限制。前者的目的是为了增强牛的体质，提高其消化吸收能力，并使其保持旺盛的食欲；而限制牛的过量活动，则主要是为了减少能量消耗，以利于育肥。因此，可采用自由活动法，育肥牛可散养在围栏内，每头牛占地 4～5 米^2。

6）刷拭　每日在喂牛后对牛刷拭 2 次，可促进牛体血液循环，增加牛的采食量。刷拭必须彻底，先从头到尾，再从尾到头，反复刷拭。

7）保持牛舍卫生　在育肥牛入舍前，应对育肥牛舍地面、墙壁用 2％火碱溶液喷洒消毒，器具消毒用新洁尔灭或 0.1％高锰酸钾溶液。进舍后，每天应对牛舍清扫 2 次，上午和下午各 1 次，清除污物和粪便。每隔 15 天或 1 个月应对用具、地面消毒 1 次。

(2) 放牧补饲强度育肥技术 有放牧条件的地区，犊牛断奶后，以放牧为主，根据草场情况，适当补充精料或干草，这种育肥方式叫放牧补饲强度育肥。要实现在 18 月龄体重达到 400 千克的目标，要求犊牛哺乳阶段，平均日增重达到 0.9～1 千克，冬季日增重保持 0.4～0.6 千克，第二个夏季日增重在 0.9 千克。在枯草季节每天每头喂精料 1～2 千克。该方法的优点是精料用量少，饲养成本低；缺点是日增重较低。在我国北方草原和南方草地较丰富的地方，是肉牛育肥的一种重要方式。技术要点如下：

1) 以草定畜 放牧时，实行轮牧，防止过牧。牛群可根据草原、草地大小而定，一般 50 头左右一群为好。120～150 千克活重的牛，每头牛应占有 1.3～2 米² 草场；300～400 千克活重的牛，每头牛应占有 2.7～4 米² 草场。

2) 合理放牧 北方牧场在每年的 5～10 月份、南方草地在 4～11 月份为放牧育肥期，牧草结籽期是放牧育肥的最好季节。每天的放牧时间不能少于 12 小时。最好设有饮水设备，并备有食盐砖块，任其舔食。当天气炎热时，应早出晚归，中午多休息。

3) 合理补饲 不宜在出牧前或收牧后立即补料，应在回舍几小时后补饲，每天每头补喂精料 1～2 千克，否则会减少放牧时牛的采食量。

48. 如何进行架子牛选购？怎样进行架子牛强度育肥？

一般将 12 月龄左右，骨骼得到相当程度发育的牛称为架子牛。架子牛的快速育肥是指犊牛断奶后，在较粗放的饲养条件下饲养到一定的年龄阶段，然后采用强度育肥方式，集中育肥 3～6 个月，充分利用牛的补偿生长能力，达到理想体重和膘情时屠宰。这是我国目前肉牛育肥所采取的育肥方式，又叫异地育肥。

(1) 育肥架子牛的选择 育肥架子牛的选购应考虑以下几个方面。

①品种：在育肥架子牛的选择上要注意利用杂种优势。要尽量选

择良种肉牛或肉乳兼用牛及其与本地牛的杂种，一般多选择我国地方良种牛如鲁西牛、秦川牛、南阳牛等以及它们与西门塔尔牛、夏洛来牛、利木赞牛、安格斯牛、南德温牛等优良国外肉牛品种的杂交改良牛。

②年龄：牛肉的嫩度和年龄的关系非常密切，适合生产优质牛肉的年龄为 12～24 月龄，适合生产供港牛和大众消费牛肉的年龄为 24～48 月龄。

③性别：选择去势公牛。因为阉牛的增重速度虽比公牛慢 10%，但阉牛育肥后肉的大理石花纹比较好、等级高。

④体重：选购的牛要有适宜的体重。一般认为，在同一年龄阶段，体重越大，体况越好，育肥时间就越短，育肥效果也越好。一般杂种牛在一定的年龄阶段，其体重范围大致为：6 月龄体重 120～180千克，12 月龄体重 180～250 千克，18 月龄体重 220～310 千克，24月龄体重 280～380 千克。通常，持续育肥应购买断奶不久的杂交牛，体重在 150～200 千克或以上；架子牛育肥应购买体重 300 千克以上未经育肥的当地黄牛公牛或杂交公牛。

⑤外形：在选择架子牛进行育肥时，应选择外观被毛光亮、粗硬适度，皮肤柔润而富有弹性，眼盂饱满，目光明亮，举止活泼而富有生气的健康牛；理想体型的肉用牛要选择身体低垂、四肢正立、体躯长、背腰宽平、后躯发育好、整体紧凑、结构匀称、发育良好的牛。

⑥健康无病：健康牛的鼻镜应是湿润的，带有水滴。如果牛患病，鼻镜发绀、发热。健康牛每天反刍的次数为 9～16 次，每次15～45 分钟，每日用于反刍的时间为 4～9 小时。如果反刍停止，说明牛瘤胃积食或弛缓。

此外，还要看牛的采食能力是否强、性情是否温驯。

(2) 分阶段饲养 架子牛在应激时期结束后，应进入快速育肥阶段，并采用阶段饲养。如架子牛快速肥育需要 120 天左右，可以分为3 个育肥阶段。

1) 过渡驱虫期 此期约 15 天。对新购进的架子牛，一定要驱除内外寄生虫。实施过渡阶段饲养，即首先让刚进场的牛自由采食粗饲料。粗饲料不要铡得太短，长约 5 厘米。上槽后仍以粗饲料为主，可铡成 1 厘米左右。每天每头牛控制喂 0.5 千克精料，与粗饲料拌匀后饲喂。精料量逐渐增加到 2 千克，尽快完成过渡期。

2）育肥前期第 16～60 天　这时架子牛的干物质采食量要逐步增加到 8 千克，日粮粗蛋白质水平为 11%，精粗料比为 6∶4，日增重 1.3 千克左右。精料参考配方为：70% 玉米粉、20% 棉仁饼、10% 麸皮，每头牛每天补充 20 克食盐和 50 克添加剂。

3）育肥后期第 61～120 天　此期干物质采食量达到 10 千克，日粮粗蛋白质水平为 10%，精粗比为 7∶3，日增重 1.5 千克左右。精料参考配方为：85% 玉米粉、10% 棉仁饼、5% 麸皮，每头牛每天补充 30 克食盐和 50 克添加剂。

表 4-3 和表 4-4 是阶段肥育牛的日粮配方和不同体重阶段粗料与精料用量，供参考。

表 4-3　不同阶段每头牛饲料日喂量参考值（千克/天）

阶段（天）	玉米粉	豆饼	磷酸氢钙	微量元素	食盐	碳酸氢钠	氨化稻草
前期（15）	2.5	0.25	0.060	0.030	0.05	0.05	20
中期（16～60）	4.0	1.0	0.070	0.030	0.05	0.05	17
后期（61～120）	5.0	1.0	0.070	0.035	0.05	0.08	15

表 4-4　不同体重阶段粗料和精料用量参考值（千克）

体　重	250～350	350～450	450～550	550～650
精　料	2～3	3～4	4～5	5～6
酒精糟（鲜）	10～12	12～14	14～16	16～18
青贮（鲜）	10～12	12～14	14～16	16～18

饲喂方式包括定时定量饲喂和自由采食 2 种。自由采食的优点是可以根据架子牛自身的营养需求采食到足够的饲料，达到最高增重，最有效地利用饲料；还可节约劳动力，一个劳动力可管理 100～150 头牛；适合于强度催肥；可以减少群饲时牛只的互相争食格斗。缺点是不易控制牛只的生长速度；粗饲料的利用率下降；饲料在牛消化道停留时间短，影响饲料的利用率而易造成饲料的浪费。

定量饲喂的优点是饲料浪费少，而且能够更有效地控制牛只的生长；便于观察牛只采食、健康状况；粗饲料的利用率高，管理方便。缺点是架子牛生长受到制约，需要较多的劳动力；由于缺少牛只间的争食，影响了采食量。

49. 怎样进行老残牛或淘汰成年牛育肥?

用于育肥的成年牛大多是役用牛、肉用母牛群中的淘汰牛，一般年龄较大、产肉率低、肉质差。经过育肥，使肌肉之间和肌纤维之间脂肪增加，肉的味道改善，并由于迅速增重，肌纤维、肌肉束迅速膨大，使已形成的结缔组织网状交联松开，肉质变嫩，经济价值提高。

育肥前对牛进行健康检查，病牛应治愈后育肥；过老或采食困难的牛不要育肥；公牛应在育肥前 10 天去势。成年淘汰牛育肥期以 2～3 个月为宜，不宜过长，因其体内沉积脂肪能力有限，满膘时就不会增重，应根据牛的膘情灵活掌握育肥期长短。膘情较差的牛，先用低营养日粮，过一段时间后调整到高营养日粮再育肥，按增膘程度调整日粮。生产中，在恢复膘情期间（即育肥第一个月）往往增重很高，饲料转化率较正常也高得多。有草地的地方可先行放牧育肥 1～2 个月，再舍饲育肥 1 个月。

成年淘汰牛育肥应充分利用我国的秸秆和糟渣类资源。我国农区秸秆资源丰富，特别是玉米秸，产量高，营养价值也较高，粗蛋白质含量可达 5.7% 左右，比麦秸和稻草等秸秆的粗蛋白质含量高，易消化的糖、半纤维素和纤维素含量也比麦秸和稻草高，玉米秸的干物质消化率可达 50%。在饲料比较缺乏的冬季，玉米秸完全可以用作肉牛的饲料。

限制利用玉米秸的因素，主要是玉米秸的外壳比较硬，肉牛不能利用硬壳内的营养物质。因此，必须对玉米秸进行加工。可用物理方法破坏玉米秸的硬壳，用粉碎机粉碎，这样可使玉米秸变成松软的饲料，并保持一定的物理结构，易被肉牛消化利用。如果再进行氨化处理，效果会更好，因为经氨化处理，不仅可以增加玉米秸粗蛋白质的含量，而且可以提高玉米秸的消化率。经氨化处理后的秸秆粗蛋白质可提高 1～2 倍，有机物质消化率可提高 20%～30%，采食量可提高

15％～20％。

青贮玉米是育肥肉牛的优质饲料。在低精料水平下，饲喂青贮料能达到较高的增重。收获籽实后的玉米秸，在尚未枯萎之前，仍为肉牛饲养的优质青贮饲料，加喂一定量精料进行肉牛肥育，能获得较好的增重效果。青贮饲料的用量根据肉牛活重确定，每100千克活重喂6～8千克青贮饲料，其他粗饲料0.8～1.0千克。同时，需要补充精饲料0.6～1.0千克（根据年龄及膘情确定），以青贮玉米为主的日粮配比可参考表4-5。

表4-5　饲料配比

饲料名称	饲料干物质（配比）含量（%）	日粮干物质中			占日粮的比例（%，湿重）
		配比（%）	维持净能（兆焦/千克）	增重净能（兆焦/千克）	
青贮玉米	25.6	55	3.59	2.30	80.80
玉米	88.0	40	3.80	2.47	17.10
棉籽饼	89.0	5	0.33	0.21	2.10
总计		100	7.72	4.98	100

随着精料喂量逐渐增加，青贮玉米秸的采食量逐渐下降（表4-6），日增重提高，但成本增加。玉米青贮按干物质的1％添加尿素饲喂能获得较好的效果。这时给牛喂缓冲剂碳酸氢钠能防止酸中毒，提高肉牛的生长速度。碳酸氢钠用量占日粮总量的0.6％～1.0％，每天每头牛50～150克。用1/5氨化秸秆和青贮饲料搭配喂肉牛，也可中和瘤胃酸性，提高进食量。精料的一般比例为玉米65％、麸皮12％～15％、油饼15％～20％、矿物质类4％。表4-7是以玉米青贮为主的饲料消耗。

表4-6　精料用量与青贮玉米采食量的关系

项目	处理			
	1	2	3	4
精料用量（千克/天）	1.00	1.25	2.15	3.04
青贮玉米采食量（湿重，千克/天）	25	23	20	17
日增重（千克）	1.190	1.285	1.305	1.340

表 4-7　以玉米青贮为主的饲料消耗

项　目	阉牛	公牛
日增重（千克）	0.9	1.0
育肥结束体重（千克）	445	490
育肥结束时月龄	14	14
消耗青贮干物质（千克）	1 700	1 800

此外，以酒糟为主要饲料育肥肉牛，也是我国肉牛育肥的一种传统方法。

50.　如何合理利用酒糟育肥肉牛？

酒糟是酿酒过程中的下脚料，近年来，在我国北方一些地方养殖户利用酒厂下脚料酒糟养牛，获得了很好的经济效益。酒糟是以富含碳水化合物的小麦、高粱、甘薯等为原料的酿酒工业的副产品。其除了水分含量较高外，粗纤维、粗蛋白质、粗脂肪等的含量都比较高，它的粗蛋白质含量占干物质的 20%～40%。酒糟中粗纤维的含量虽然较高，但其各种物质的消化率与原料相似，故按干物质计算，其能量价值与糠麸类相似。此外，酒糟还含有酵母、B 族维生素等。用酒糟饲喂不仅可以节省精料，极大地降低养牛成本，而且由于其中残留少量酒精，牛吃了含有少量酒精的酒糟，能够刺激唾液和胃液分泌，起到健胃和舒筋活血、散寒的作用，特别是北方冬季寒冷，牛吃酒糟还能起到抗寒作用。

（1）饲喂方式　尽管酒糟喂牛经济合算，但单纯喂酒糟是不可取的，因为，酒糟中的营养不平衡，它的蛋白质含量相对比较高但能量不足，如果长期饲喂，会影响到牛的增长速度；此外，酒糟中磷的含量高一些，但钙的含量相对要低；水溶性的维生素含量高一些，但脂溶性维生素缺乏；矿物质、微量元素含量也不足。因此，在配合饲料时要根据牛的需要进行合理补充，最好用微贮饲料，即把酒糟和玉米面、微贮饲料搭配在一起，既做到营养全面，又提高适口性，才能满足牛的营养物质的需要。

用酒糟育肥牛的育肥期一般为 3～4 个月。在喂牛酒糟的时候，喂量不能一下子太大，要循序渐进，由少到多，让牛逐渐喜欢上酒糟的味道，同时让牛的胃肠道有一个适应的过程。在育肥的各阶段酒糟和微贮饲料比例要进行适当调整。

①育肥前期　开始阶段，应大量喂给牛干草和其他微贮饲料，少量喂酒糟，以训练其采食能力，经过 15～20 天，逐渐增加酒糟饲喂量，减少干草和微贮饲料喂量。

②育肥中期（1.5 个月）　因肉牛在这一阶段快速增长，精料喂量应增加到 4～4.2 千克，酒糟 10 千克，微贮饲料 20 千克，还要注意添加维生素制剂和微量元素，以保证牛旺盛的食欲。经过一个多月的饲喂后牛的体型变得丰满了，进入育肥后期。

③育肥后期　到育肥后期，牛的增长速度逐渐缓慢，主要是沉积脂肪，在瘦肉里有了脂肪沉积（肌内脂肪）、形成大理石花纹的牛肉深受欢迎，是市场上的高档牛肉。这一阶段精料喂量应降到 3.5 千克，微贮饲料 15 千克，酒糟 8 千克。但饮水不能断，通常从早晨 4 点喂完以后，上午 9 点开始饮水，到下午 4 点喂料之前，槽中始终不能断水。

（2）用酒糟喂牛的注意事项

①注意营养平衡搭配。

②注意防止酒糟发霉。特别夏季酒糟很容易发霉，饲喂牛后常会引起便血、腹泻症状。

③在酒糟与其他饲料搭配时一定要考虑到酒糟里水分的含量。酒糟含水量较大，一定要和一些干燥的秸秆或者其他副产品搭配饲喂。因为饲料中水分太高、干物质采食相对减少，会影响牛的采食量，使牛的增长速度减慢，影响出栏时间。

51. 如何合理利用尿素提高肉牛育肥技术？

尿素含氮量为 42%～46%，若按尿素中氮的 70% 被合成菌体蛋白计算，1 千克尿素经牛瘤胃转化后，可提供相当于 4.5 千克豆饼的蛋白质。据国外报道，在蛋白质不足的日粮中加入 1 千克尿素，可多产奶

6～12 千克或多增重 1～3 千克。国内也取得了 1 千克尿素换取 3.6～4.6 千克奶的效果。在肉牛育肥过程中添加尿素应注意以下几个方面。

(1) 有一定的能量　补加尿素的日粮中必须有一定量易消化的碳水化合物。

(2) 补加尿素的日粮中蛋白质水平要适宜　一般认为补加尿素前，日粮中蛋白质水平应在 8%～13%。

(3) 要保证供给微生物生命活动所必需的矿物质　尿素日粮的最佳氮硫比为（10～14）∶1，最佳氮磷比为 8∶1。要保证细菌生命活动所必需的钙、磷、镁、铁、铜、锌、锰及碘的供给，这样有利于提高尿素的利用率。

(4) 控制喂量　尿素的喂量为日粮粗蛋白质含量的 20%～30%，为精料补充料的 1%～3%，或不超过日粮干物质的 1%，或肉牛体重的 0.02%～0.03%。成年牛每天饲喂 60～100 克。2～3 月龄内的犊牛，由于瘤胃机能尚未发育完全，严禁饲喂尿素。如果日粮中含有非蛋白氮高的饲料如青贮料，则尿素用量应减半，超过此喂量，一是会造成浪费，二是牛会出现氨中毒。中毒一般在喂后 0.5～1 小时内发生，其中毒症状表现为运动失调、肌肉震颤、痉挛、呼吸急促、口吐白沫，如不及时治疗，可能在 2～3 小时内死亡。

(5) 注意喂法　为了有效地利用尿素，防止饲喂尿素引发牛氨中毒，要将尿素均匀地拌到精粗饲料中饲喂。最好先用糖蜜将尿素稀释或用精料拌尿素后再与粗饲料拌匀，也可将尿素加到青贮原料中青贮后一起饲喂。具体做法：在 1 000 千克玉米青贮原料中，均匀地加入 4 千克尿素和 2 千克硫酸铵（将尿素和硫酸铵制成水溶液用喷雾器均匀喷洒即可）。在生产实践中，也可以选用降解速度慢的非蛋白氮产品如磷酸脲、羟甲基尿素、糊化淀粉尿素等代替普通的尿素，也可以使用能降低尿素在瘤胃内降解速度的产品和使用能减缓瘤胃内氨释放速度的产品。

饲喂尿素时，要由少到多，使牛有 5～7 天的适应期。尿素一天的喂量要分几次饲喂。生豆类、苜蓿草籽等含脲酶多的饲料，不要大量掺在加尿素的谷物饲料中一起饲喂。严禁单独饲喂尿素或溶于水中饮用，应在饲喂尿素 3～4 小时后饮水。

52. 肉牛生产中常用的饲喂技术有哪些？

为了加快肉牛的育肥速度，提高经济效益，目前肉牛生产过程中应用较先进而且较广的新型饲喂技术包括配合饲料技术、调制日粮技术、自由采食技术、自由饮水技术等。

A. 配合饲料技术　是根据肉牛的营养需要，采用配合饲料机械将不同类型的饲料原料，按照一定比例混合粉碎及搅拌均匀制成肉牛混合精料。给肉牛饲喂配合饲料，既可以促进其消化吸收、提高饲料利用率、满足肉牛的营养需要，又可以增加采食量、加快生长率；既可以做到饲料品种多样、体积适当、营养全面，又可以做到科学饲养肉牛、提高养牛效益。

配制肉牛配合饲料要掌握"牛、标、料、分、设、试、调、用"8个字，要求根据肉牛类型，查出饲养标准，采用多种原料，查出营养成分，进行配方设计，通过配合饲料试用，对不合理的进行修改完善和调整后，再进入生产实践应用。其中以"调"和"用"最为重要。

B. 日粮调制技术　根据肉牛对草料的需要，采用全价日粮混合机械，即 TMR 机，将青贮饲料、苜蓿干草、农副产品、糟渣类等各种粗饲料和玉米、麦类谷物、饼粕类、预混米、矿物质添加剂、复合维生素添加剂等精饲料，按照"先干后湿、先精后粗、先轻后重"的顺序投入到 TMR 机中，设定规定的时间，经过揉搓粉碎及搅拌，制成肉牛全价日粮。肉牛全价日粮的调制方法与肉牛配合饲料的配制方法基本相同，所不同的是配合饲料中只含精饲料，而全价日粮中不仅包含精饲料，而且包含粗饲料。给肉牛饲喂全价日粮，既可以提高采食量、加快生长率，又可以减少饲草浪费；既可以减少肉牛消化系统疾病、充分发挥肉牛生产性能，又可以获取更好的饲养效益。

C. 自由采食技术　是在肉牛饲槽内，经常放置一定量的配合饲草饲料，任牛随时随地自由采食。肉牛自由采食既可以增加采食数量、满足营养需要、提高育肥速度，又可以节省劳动用工、降低饲养管理成本、提高养牛效益。

D. 自动饮水技术　在肉牛的饲槽旁，安装肉牛专用的自动饮水器具，任牛随时随地自动饮水。肉牛自动饮水，既可以减少水槽占地、减少水源浪费、满足牛的饮水需要，又可以调控水质水温、保证饮水卫生、减少疫病发生。

53. 如何进行肉牛放牧育肥？有哪些注意事项？

（1）肉牛放牧育肥

①按体重大小相近组群　良好的天然草场和人工草场不必加精料就可以达到理想的育肥效果。放牧育肥牛群的组织是十分重要的，最好的组群原则是各方面同质，即性别、年龄、体重、膘情等方面要基本一致，否则就会影响育肥效果。如在阉牛群中放入母牛，则牛群不能安静。再如，阉牛比较适宜于远牧，如3～4千米以远，如果有犊牛混群，牧工就不能正常照看牛群。不同年龄的牛对植被的爱好有别，耐劳程度也不一样，老口牛采食能力较弱，所以应按年龄分群。8岁以上的牛要单独组群，4～8岁的可以合为一群。3岁以下的牛因发育程度不同，将体重相近的组成一群，效果较好。否则体重大的牛还未吃饱，小的已卧下反刍了，不易管理。一个牛群内的体重差距不超过50千克，管理就容易了。膘情不同的牛食欲不同，采食的疲倦期不同，达到最佳膘情的时间也不同，所以，按膘情相似的牛组群也是提高效果的办法，这对提供批量的商品牛上市是重要的原则之一。群体大小，受很多因素影响，如草场特征、饮水源、植被质量、牛的年龄及放牧人员素质等。在土地平坦、植被丰厚、牧地宽阔的内蒙古、东北和新疆的草原，牛群可大到200～250头。如果放牧带较窄，水源较远，以100～150头为好。在山地、比较缓和的坡地，则只能在50头以下。坡地不太平缓或稍崎岖一些的地方，只能是几头一起放牧，或散放。

据《中国黄牛》报道，自5月初开始到9月中旬的110～124天时间内进行划区轮牧，其中5月和9月每天放牧12～13小时，6～8月每天放牧15～16小时，就近饮水3～4次，并给食盐块舔食，3种不同性别和年龄组的牛因组内体重的不同，增重的效果差别很明显，见表4-8。

表4-8　不同体重牛群放牧增重效果比较

组　　别	平均始重 （千克）	平均终重 （千克）	全期增重 （千克）	（％）
1～2岁去势公犊				
体重近似	165	293	128	100
体重差异大	158	243	85	66
3岁以上母牛				
体重近似	263	416	153	100
体重差异大	280	373	93	61
5岁以上犍牛				
体重近似	368	521	153	100
体重差异大	371	463	92	60

从表4-8可以看出，体重差异大的放牧群育肥效果只有体重近似的60％～66％，除了增重低以外，膘情也差。

肥育的好坏表现在增重的快慢和膘情的等级，膘情好的牛屠宰率高，优级肉比例高，牛肉价格好，总产值高。牛肉优质优价在我国市场已经体现出来了，对我国肉牛业是很好的促进。各种年龄和性别组内体重差异大的牛能增重1倍的话，体重近似的牛能增重两倍以上。所以必须重视按体重近似的牛组群。

②采用连续育肥　我国有的地方养牛在越冬期往往不是增重，而是失重，某些采用半原始放牧方式的地区，甚至出现秋肥、冬瘦、春死的不正常现象。商品肉牛情况稍好，但养得较好的也不过能保持入冬前的膘情，这种情况下牛膘都很差，牛体疲乏，在转入夏牧后，头年生的牛犊很难再次达到500千克的终重。如果结束越冬期前能使牛体重有所增加，对后期放牧肥育有良好的影响。

在我国的一些山区，凡有改良牛的地方，用连续育肥的方式可以在不到20月龄达到400千克左右的体重，从而降低出口肉牛的成本。连续育肥法的增重效果至少要比放牧瘦牛提高25％，而分割肉的价格至少还要提高1/3以上。

（2）肉牛放牧育肥注意事项

①春牧前的准备 放牧育肥宜从春天开始，以便获得较好的连续肥育效果。出牧前，须做必要的准备，例如：要截除锐利的牛角，尤其是好斗的牛更要去角；修整牛蹄，越冬牛蹄变形的更应及时修蹄；逐个编号，最好按牛的年龄、体重、性别、膘情分组。出牧前要驱虫，不要让带虫牛上牧场，排除传播的可能。草场方面，要修整道路，整理草场，安排水源，部署夏季的避阳处，如林间牧场。并准备放牧日记，登记称重、草场被采食的程度、牛的食欲、疾病情况等。

②饮水及水源 保证牛只正常饮水是育肥成功的因素之一。牛1昼夜得不到充足的饮水，食欲、采食量、饲料利用率都会下降，自然增重速度也就降低，膘情变差。因此，必须保证充足的水源。供水的质量极其重要，清新的水可使肥育达到最好效果。水源不能常换，尤应避免常换水质相差很大的水源。通常的青草含水量80%，采食这种草1头成年牛1昼夜相当于得到40升水。如果夏天草质干燥，秋天牧草水分更低，牛的饮水量就大得多了。这里提供不同体重牛的饮水量供参考，见表4-9。

表4-9 不同体重牛的饮水量

体重（千克）	通常的饮水量（升）	热天的饮水量（升）
200	30~40	45
300	40~50	60
400	50~60	70
≥500	60~70	80

最好1天饮水3~4次，天气炎热时增加到5次。但这取决于草的好坏和水源的距离。距离较远，1天2次也可以。为避免牛群污染水源，最好是饮完水后立即把牛群赶离水源。设置饮水槽是防止水源污染的好办法。饮水槽的大小要因牛而异。改良牛，每头育成牛要求槽长0.5~0.7米，成年牛0.8~1米；本地育成牛和成年牛分别为0.4~0.6米和0.6~0.8米。最好分批饮水，在牛群达50头以上时，更要组织好，以免拥挤和角斗。

54. 育肥肉牛的饮水量是多少？水的消毒方法有哪些？

水是机体组成的主要成分，是育肥牛的饲料营养消化与吸收、体内废物排除和体温调节所必需的物质。但水较廉价和较易获得，也最容易被饲养管理人员忽视。要想获得比较理想的饲养效果，除了要设计好饲料配方，做好保健以外还必须保证育肥牛充足的饮水。表4-10是育肥牛饮水量的资料，可以说明随着育肥牛体重、采食量、日增重的增加，饮水量也随着增加。另外，环境温度也影响育肥牛的饮水量，见表4-11。

表4-10 育肥牛饮水量

育肥牛体重（千克）	要求日增重（克）	采食饲料干物质（千克）	需饮水量〔升/（头·日）〕
200	700	5.7	17
200	900	4.9	15
200	1 100	4.6	14
250	700	5.8	18
250	900	6.2	20
250	1 100	6.0	19
300	900	8.1	27
300	1 100	7.6	22
350	900	8.0	27
350	1 100	8.0	27
400	1 000	9.4	35
400	1 200	8.5	30
450	1 000	10.3	40
450	1 200	10.2	40
500	900	10.5	42
500	1 100	10.4	42
500	1 200	9.6	36

表4-11　环境温度与育肥牛饮水量

环境温度	饮水量 （每千克干物质饲料量）	折合成含水量
−17～10℃	3.5	1.8
10～15℃	3.6	1.8
15～21℃	4.1	2.1
21～27℃	4.7	2.4
27℃以上	5.5	2.8

在气温25～27℃时，测定了3头体重280千克的育肥牛1昼夜饮水量为36～37升。按测定当天育肥牛消耗饲料（风干重）量计算，育肥牛消耗1千克饲料需要3.64升水。

水的质量好坏也直接影响到畜禽的健康及产品的卫生质量。为了杜绝经水传播的疾病发生和流行，保证畜禽健康，水源水必须符合畜禽饮用水质量标准要求，要经过消毒处理后才能饮用。

水的消毒方法很多，概括起来可分为两大类。一类是物理消毒法，如煮沸消毒、紫外线消毒、超声波消毒、磁场消毒、电子消毒等。另一类化学消毒法，主要有氯消毒法、碘消毒法、溴消毒法、臭氧消毒法等。其中，以氯消毒法使用最为广泛，且安全、经济、便利，效果可靠。常用的氯制剂可分为液态氯、无机氯制剂和有机氯制剂3种，以无机氯制剂中的漂白粉、漂（白）粉精最为常用。

经沉淀和滤过后的清水，可用漂白粉消毒，加氯量的多少主要取决于水质。水质差时，每升水中的加氯量可大于3毫克，但不超过5毫克。有条件时，最好先测定水的耗氯量再决定加氯量。

$$漂白粉需要量（毫克）=\frac{加氯量（毫克/升）}{漂白粉含有效氯百分数}\times水量（升）$$

如果使用配好的漂白粉液，可按下式计算溶液用量。

$$\frac{漂白粉需要量}{（毫克）}=\frac{加氯量（毫克/升）\times水量（升）}{漂白粉含有效氯百分数\times漂白粉浓度（毫克/升）}$$

消毒饮用水时，一般加氯量为每升水中加1～3毫克漂白粉，最多不超过5毫克。若漂白粉所含活性氯为25%时，则需要加漂白粉

2~4 克。漂白粉的有效氯一般在 30%～35%。加氯后，经过一定的消毒时间（常温 15 分钟，低温 30 分钟），每升水中维持总余氯量为 0.1～1 毫克。

投入漂白粉时，注意不要把干粉直接投入水中，以免漂白粉大部分浮在水面上不溶于水，而降低消毒效果。如果用漂白粉液，其放置时间也不可过长，以免药效损失。

55. 如何进行新生犊牛的护理？

（1）犊牛出生后，立即用干抹布或干草将其口鼻部黏液拭净。

（2）若出现犊牛假死但心脏仍在跳动，应立即将犊牛两后肢拎起，倒出喉部羊水，并进行人工呼吸。

（3）若脐带已断裂可在断端用 5% 碘酒充分消毒；若脐带未断先把脐部用力揉搓 10 多次（1～2 分钟），在距腹部 6～8 厘米处用消毒剪刀剪断，然后充分消毒（且碘酒涂擦或烧）。一般不需结扎，以便干燥。为防止被粪尿污染可用纱布把脐带兜起来。

（4）冬天先擦干犊牛身上黏液再处理脐带，天气温暖时可让母牛自行舔干。

（5）剥去软蹄、进行称重和编号（打耳号）。

（6）犊牛站立时要进行帮助，最后教其哺食初乳。

56. 如何进行犊牛的饲喂？

犊牛是指出生到 3 月龄或到 4～6 月龄的小牛。

（1）初生期饲喂　犊牛出生后 7～10 天以内称为初生期。初生期采用单栏露天培育。肉用犊牛的哺乳可采取随母自然吸吮，哺乳犊牛的生长发育受母牛奶量的直接影响。自然哺乳一般于 6～7 月龄断奶。另外可采取人工哺乳的方法，引导犊牛由桶内哺饮母牛分娩 5～7 天以内产生的初乳。具体方法是饲养员一手持桶，另一手中指及食指浸入乳中使犊牛吸吮。当犊牛吸吮指头时，慢慢将桶提高使犊牛口紧贴牛乳而吸吮，犊牛习惯后将指头从其口内拔出，并放于犊牛鼻镜上，如此反复几次，犊牛便会自行哺饮初乳。如果犊牛拒绝吸吮，可用胃管强制饲喂。

初乳每天分 3 次饲喂，饲喂时的温度应保持在 35～38℃。在初乳期每次哺乳后 1～2 小时，应饮温开水（35～38℃）一次。

（2）哺乳期饲喂　犊牛经过 3～5 天的初乳期之后称哺乳期。哺乳期犊牛在犊牛舍集中饲养或在室外犊牛栏内饲养，由人工辅助进行喂乳。在哺乳早期，犊牛最好喂其母亲的常乳，从 10～15 天开始可由母乳改喂混合乳。在此期间应注意要逐渐改变（过渡 4～5 天）。

在精饲料条件较好的情况下可提前断乳，哺乳期 2 个月，犊牛每天哺乳量为：5～30 日龄 1.5 千克，31～40 日龄 1.25 千克，41～50 日龄 1.0 千克，51～60 日龄 0.75 千克。精饲料条件较差时，可适当增加哺乳量并延长哺乳期。在精饲料条件特别不好的情况下，哺乳期延迟到 4～5 个月。在放牧条件下，如早春产犊，在北方草场还接不上青草，为了保证母牛的产奶量，需每天给母牛补饲 3～5 千克的青干草、5～10 千克的青贮、3 千克精料。待放牧返青后，犊牛跟随母牛放牧饲养，既可保证母牛的产奶量，也能促使犊牛采食青草。用牛乳代用品取代部分牛乳饲喂时，代乳品蛋白质含量不低于 22%，脂肪为 15%～20%，粗纤维含量最多不超过 1%，代乳品中还应含有一定量的矿物质和维生素等。此外，在饲喂代乳品前，应用 30～40℃的温开水冲和，代乳品与温开水的比例为 1∶8.8（即干物质含量为 12%，与牛乳相当）。混合后的代乳品应保持均匀的悬浮状态，不应发生沉淀现象。

（3）早期补饲方法

①从犊牛 7～10 天开始，在犊牛牛槽或草架上放置优质干草任其自由采食及咀嚼；

②从犊牛 11 日龄开始，除喂全奶外，还可以饲喂营养完全的代乳料，尤其是含有 80% 以上脱脂乳的代乳料，在这些代乳料中，应含有足够量的维生素。按照营养价值 1.2 千克的代乳料相当于 10 千克的全乳。

③犊牛生后 15～20 天开始训练其采食精料。初喂时，可将精料磨成细粉并与食盐及矿物质饲料混合，涂擦犊牛口鼻，教其舔食。最

初每头喂干粉料 10～20 克，数日后可增到 80～100 克。待适应一段时间后，再饲喂混合"干湿料"，即将干粉料用温水拌湿，经糖化后给予，但不得喂酸败饲料。干湿料的给量随日龄渐增，2 月龄 250～300 克，5 月龄达 500 克左右。

④从犊牛生后 20 天开始，在混合精料中加入切碎的胡萝卜。最初每天 20～25 克，以后逐渐增加，到 2 月龄时可喂到 1～1.5 千克。也可喂甜菜和南瓜等，但喂量应适当减少。

⑤从犊牛 2 月龄开始喂给青贮饲料。最初每天 100～150 克，3 月龄时可喂到 1.5～2 千克，4～6 月龄增至 4～5 千克。

犊牛最初需饮 36～37℃的温开水，10～15 天后可改饮常温水。5 月龄后可在运动场水池贮满清水，任其自由饮用，水温不宜低于 15℃。此外，每天补饲抗生素，30 天后停喂。

57. 犊牛在哺乳期采用保姆牛哺育法进行哺乳时应注意哪些事项？

(1) 保姆牛的选择　要选择健康、无病、具有安静气质、产奶量中下等、乳房及乳头健康的母牛作为保姆牛。对所选出的保姆牛要进行合理的饲养管理，并估计保姆牛的可能产奶量。

(2) 选择哺育犊牛　根据每头犊牛每天采食 4～4.5 千克牛奶的标准，确定每头保姆牛所哺育的犊牛数。每群犊牛体重、年龄、气质要比较接近（年龄差异不超过 10 天，体重差异不超过 10 千克）。当一批犊牛哺乳结束后，仍依此法确定下一批应哺育的犊牛数。

(3) 新生犊牛必须哺育初乳后再转给保姆牛哺育　哺喂初乳前要预先擦洗和按摩母牛的乳房，挤出第一把奶，并用清洁的抹布擦洗犊牛的头背部，待初乳哺育结束后立即转给保姆牛。保姆牛与犊牛在隔有小室的同一房间，除每天定时哺乳 3 次外，其他时间不许在一起。犊牛所处小室要设置饲槽及饮水器。

(4) 保证清洁　为了预防犊牛患消化道疾病，除注意保姆牛乳房及乳头清洁外，还必须在保姆牛的牛床及犊牛隔离栏铺垫清洁而干燥的褥草。

58. 如何缓解犊牛早期断奶应激？

引起犊牛早期断奶应激的因素比较多，有日粮、哺乳犊牛的消化道酶活性、断奶时间和方法以及环境和其他应激因素的影响，特别是日粮的变化，包括饲料的突然变更、饲粮结构的变化、日粮的物理形态变化等。由于犊牛早期断奶后，采食的食物从液体乳转向固体饲料，饲料的来源、形态、营养成分等都能对消化系统尚未发育完善的犊牛产生很大的应激，不但影响犊牛消化器官发育成熟，而且影响犊牛采食量和对营养物质的吸收，犊牛表现厌食、免疫功能低下，使生长发育受阻、体况消瘦、被毛杂乱无光等，严重时可导致腹泻，出现排稀便、软便或水样便，脱水，体重减轻和酸中毒。因此，缓解犊牛早期断奶应激反应的重点是从营养上进行调控，应采取以下几方面措施。

（1）早期补饲开食料，调节营养素结构的平衡 断奶后犊牛的日粮可由精粗料共同组成，对犊牛补饲适量的精饲料和干草，可促使瘤胃快速发育。一般该期日粮含蛋白质 $14\%\sim19\%$，总可消化养分为 $68\%\sim70\%$，提高精饲料比例有助于瘤胃的乳头成长，而提高干草比例则有助于提高胃肠的容积和组织发育。另外，日粮的能量浓度对断奶应激犊牛的发病率和死亡率可产生直接影响。因此，在犊牛断奶前应适当饲喂植物蛋白和合理利用脂肪营养。大豆具有高蛋白、高能量、低纤维的特点，被广泛应用于食品和饲料性产品，日粮中添加大豆蛋白对早期犊牛的体重体尺都有一定影响。但由于大豆蛋白含有许多抗营养因子，饲喂前可通过加热处理去除。高含量脂肪的代乳品能够为犊牛断奶提供足够的能量以维持犊牛对能量的需求，缓解断奶产生的应激反应。

（2）合理使用添加剂 包括生长促进剂（如丁酸钠等）、免疫增强剂（如黄芪多糖等）以及调节胃肠道微生物区系的添加剂（酵母培养物）等，能够提高断奶犊牛营养物质的利用率和提高饲料转化率、增强机体免疫力和抗病力，减少断奶应激反应。

此外，要加强管理，避免犊牛断奶时其他应激因素的发生。如当天气改变剧烈时最好不要实施断奶，要减少断奶时的长途运输或转群活动，改善圈舍环境和饲养卫生，做好冬季防寒、夏季防暑工作，保持舍内恒定的温度，加强犊牛的运动和锻炼，从而减缓断奶产生的应激反应。

59. 犊牛饲养管理有哪些注意事项？

（1）犊牛在出生后 30 天内要去角。

（2）犊牛在哺乳期内应剪除副乳头，最适宜的时间在犊牛 4～6 周龄进行。

（3）每次用完哺乳用具，要及时清洗。饲槽用后要刷洗，定期消毒。

（4）每次喂奶完毕，要用干净毛巾将犊牛口、鼻周围残留的乳汁擦干，然后用颈架固定几分钟，防止犊牛间互相乱舔而养成"舔癖"。

（5）犊牛出生后应及时放进育犊室（栏）内，育犊室（栏）大小为 1.5～2.0 米^2，每犊 1 栏，隔离管理。出产房后，可转到犊牛栏中集中管理，每栏可容纳犊牛 4～5 头，或用带有颈架的牛槽饲喂，另设容纳 4～5 头犊牛的卧牛栏。牛栏及牛床均要保持清洁、干燥，铺上垫草，做到勤打扫、勤更换垫草。应保持牛栏地面、本栏、栏壁等清洁，定期进行消毒。舍内要有适当的通风装置，保持舍内阳光充足，通风良好，空气新鲜，冬暖夏凉。

（6）每天至少要刷拭犊牛 1～2 次。刷拭时以使用软毛刷为主，必要时辅以铁算子，但用劲宜轻，以免刮伤皮肤。如犊牛粪便结痂粘住皮毛，用水润湿软化后刮除。

60 如何减少肉牛运输应激？

架子牛在运输过程中以及刚进入育肥场新环境时，会产生应激反应。牛的应激反应越大，养牛造成的损失也越大。为了减少牛应激的损失，可采用如下措施。

（1）架子牛运输前 2～3 天开始，每头牛每日口服或者肌内注射维生素 A、维生素 D、维生素 E 并喂 1 克土霉素。

（2）装运前要进行合理饲喂，在装运前 3～4 小时要停止饲喂具有轻泻性的饲料如青贮饲料、麸皮、新鲜青草等，否则容易引起腹泻、排尿过多，污染车厢和牛体。架子牛装运前 2～3 小时不宜过量饮水。

（3）装运过程中切忌任何粗暴行为或鞭打牛只，否则会导致应激反应加重。

（4）合理装载。用汽车装载时，每头牛按体重大小应占有的面积是：300 千克以下为 0.7～0.8 米²，300～350 千克为 1.0～1.1 米²，400 千克为 1.2 米²，500 千克为 1.3～1.5 米²。

61. 如何搞好新购进架子牛的管理？

（1）育肥前准备 育肥前的准备工作重点是做好圈舍的消毒工作。可根据实际情况选用 3%～5% 煤酚皂液、10%～20% 漂白粉乳、2%～5% 烧碱溶液、10% 草木灰水、0.05%～0.5% 过氧乙酸等消毒液，对圈舍地面、墙壁、门窗、食槽、用具进行消毒。消毒一定时间后，应打开门窗通风，对用具应用清水冲洗，除去消毒药的气味。

（2）隔离观察和检疫 牛购进后应在隔离牛舍内进行隔离观察 10～15 天。要观察每头牛的精神状态、采食状况、粪尿状况等。对隔离观察牛群要进行布氏杆菌病和结核病的检疫。发现问题应及时处理或治疗。

（3）驱虫 架子牛进场后，在过渡期要进行驱虫，服药前根据每头牛实际重量分别计算用药量，称量要准确。要选用国家允许使用的驱虫药物。驱虫应在牛空腹时进行，以利于药物吸收。驱虫后其粪便集中消毒后进行无害化处理。

丙硫苯咪唑是一种广谱、高效驱虫药，特点是驱虫范围很广且毒性很低。内服一次量，牛按每千克体重 10～20 克。

（4）饲喂 架子牛经过长距离、长时间的运输，应激反应大，胃肠食物少，体内缺水，这时首先应给牛只补水。首次饮水量限制为 15～20 升，夏天长途运输时，每头牛应补人工盐 100 克；第二次饮水应在第一次饮水后 3~4 小时，切忌暴饮。水中掺些麸皮效果更好，随后可采取自由饮水，饮水供应要充足；对新到场的架子牛，应严格控制精饲料的喂量，必须有近 15 天的适应饲养期。适应期内以粗料为主，精饲料从第 7 天开始饲喂，每 3 天增加 300 克精料；对新购架子牛，最好的粗饲料是长干草，其次是玉米青贮和高粱青贮，不能饲喂优质苜蓿或苜蓿青贮。喂青贮料时最好添加碳酸氢钠，以中和酸性；不要喂尿素，要补充无机盐，用 2 份磷酸氢钙加 1 份盐让牛自由采食；每天补充 5 000 国际单位维生素 A 或 100 国际单位维生素 E。进场后 7~14 天还要对所有牛进行健胃，每天 1 次，连服 2~3 天；同时给牛投服 350 毫克抗生素或 350 毫克磺胺类药物，以消除运输的应激反应，避免发生疾病。

(5) 编号与分群　观察期满的牛应转入育肥牛舍，转入前要进行分群、编号。所有的牛都要打耳标、编号、标记身份；依据年龄、品种和体重、性别进行分群。一般情况下，年龄相差 2~4 个月以内、体重相差不超过 30 千克、相同品种的杂交牛分成一群。

62.　如何加强架子牛育肥期的管理？

架子牛育肥要进行合理分群，按牛的品种、体重和膘情分群饲养，便于饲喂标准和管理的统一。

(1) 饲喂　日喂两次，早晚各一次。精料限量，粗料自由采食。饲喂后半小时饮水一次。

(2) 限制运动　肉牛要采用拴系饲养，在饲槽下方安装铁环及铁链，在牛的颈部拴系皮带环，将铁链一端套钩于牛的颈部皮带环上，进行饲养育肥。肉牛拴系饲养可以减少运动，减少能量消耗，提高育肥速度和牛肉品质。

(3) 搞好环境卫生　每天在喂牛前给牛刷拭 2 次。同时，要搞好圈舍的卫生，避免蚊虫对牛的干扰和传染病的发生。

(4) 注意保温和防暑措施　气温低于 0℃时应采取保温措施，高于 27℃时采取防暑措施。目前，肉牛饲养中保温防暑采取的措施有塑料暖棚技术和绿荫凉棚技术等。夏季温度高时，饲喂时间应避开高温时段。

①塑料暖棚技术　就是在每年的冬春季节，在肉牛圈舍的周围覆盖一层白色塑料薄膜。这样既利于肉牛在冬春寒冷季节挡风御寒，接受阳光，保温取暖；又有利于促进肉牛生长发育，减少牛体因御寒消耗能量的损失；还可降低疫病发生率。

②绿荫凉棚技术　就是在每年的夏秋季节，在肉牛圈舍的周围种植一些大叶爬行植物。这样既利于肉牛在夏秋炎热季节遮阳避晒，防暑降温，减少疫病；又利于调节环境空气质量，吸收二氧化碳，产生新鲜氧气；还可提高环境湿度。

（5）隔离观察　每天观察牛是否正常，如反刍情况、粪便状况、精神状态等，发现异常及时隔离处理，尤其要注意牛只消化系统的疾病。

（6）定期称重　应空腹称重，及时根据牛的生长及其他情况调整日粮，不长的牛或增重太慢的牛及时淘汰。

（7）及早出栏　膘情达到一定水平，增长速度减慢。达到市场要求体重时应及早出栏，一般活牛出栏体重为450千克，高档牛肉出栏体重为550～650千克。要尽量采取全进全出，即一栋肉牛舍的牛群，在入舍时要求满位，尽量做到不空牛位；出舍时要求全出，尽量做到不留余牛，实行同进同出。这样做既便于统一管理和饲养，提高劳动效率；又可以减少疫病传播，避免互相争斗。

63. 育肥牛后期饲养管理应重点注意哪些方面？

加强育肥牛后期的饲养管理，除做好日常工作外，应重点注意以下几点。

（1）把握好出栏牛育肥程度　育肥牛达到以下状况即可适时出栏：

①皮肤折褶少，体膘丰满，看不到明显的骨骼外露；

②采食量下降，牛腹缩小，牛只不愿走动；

③臀部丰满，尾根两侧看到明显突起；

④胸前端突出且圆大；

⑤手握肷部皮紧，手压腰背部有厚实感。

(2) 育肥后期应适当集中统一管理　对于出现不明原因减食喜卧的、体重达到要求的、或其他需要育肥出栏等情况的，要适当集中，做好最后一个月的统一饲养、统一管理，以发挥投入的最大效能，避免其他牛只过早肥胖。

(3) 饲养方面

①提高日粮能量　后期育肥牛精料配方应单独配制，突出能量饲料，条件许可的可以少量添加植物油脂（可占精料的 1%～3%），适当减少蛋白质用量，同时注意满足矿物质、维生素等营养物质的供应。

②草料比　饲草精料供给比例不高于 4∶6（折干计算）。

③精料用量　体重 500 千克育肥牛日供给混合精料不低于 6 千克/头，若以日粮总量计算最高用量可占到日粮干物质的 85%。

④饲草要求　要选喂能量高、易消化、适口性好、生物学利用价值高的饲草。

⑤给牛只以安静环境，少轰打、惊吓，保证牛床、运动场松软卫生。

⑥勤观察，注意牛只采食及粪便的变化，及时处理发生的异常问题。

⑦禁止使用抗生素或不符合要求的药物与添加剂。

64. 如何加强妊娠后期牛的饲养管理？

妊娠母牛的营养需要和胎儿的生长有直接关系。胎儿的增重主要在妊娠后期的最后 3 个月，此期增重占犊牛初生重的 70%～80%，需要从母体供给大量的营养。如果胚胎期胎儿生长发育不良，出生后就难以补偿，增重速度减缓，饲养成本增加。因此，加强妊娠期特别是妊娠后期的饲养管理极其重要。

(1) 妊娠母牛的饲养管理

①妊娠前 6 个月，胚胎生长发育缓慢，不必给母牛额外增加营养，保证中上等膘情即可。但此时胎儿的大脑、骨骼和神经系统发育

较快，应保证富含维生素 A 的青绿饲草的供给，以及钙、磷的需要量。母牛妊娠的最后 3 个月，应增加营养供给。

②当妊娠母牛以放牧为主时，青草季节应尽量延长放牧时间，一般可不补饲。枯草季节根据牧草质量和母牛的营养需要确定补饲草料的种类和数量，特别是妊娠的最后 2～3 个月，这时正值枯草季时，应重点补饲维生素 A，否则会引起犊牛发育不良，体质衰弱，母牛产奶量不足。在冬季每头牛每天补喂 0.5～1 千克的胡萝卜，另外补充蛋白质、能量饲料及矿物质的需要，达到每天每头妊娠牛补饲 2 千克精料。

③当妊娠母牛以舍饲为主时，应以青饲料和青贮饲料为主，适当搭配精饲料，达到每天每头妊娠牛补饲 3 千克精料。每日饲喂 3 次。上槽时要保证母牛有充足的采食粗饲料的时间。

（2）妊娠母牛的日常管理

①保证妊娠母牛饮水供给。

②妊娠后期做好保胎工作，防止挤撞、猛跑、饮冰水、喂霉败饲料等造成流产。

③保证妊娠母牛适当的运动，每天需运动 1～2 小时，避免过肥。

④母牛应在预产期前 1～2 周进入产房。产房要求清洁、干燥、环境安静，并在母牛进入产房前用 10％石灰水粉刷消毒，干后在地面铺以清洁干燥、卫生（日光晒过）的柔软垫草。

⑤做好临产观察和助产工作。

五、肉牛主要疫病的防制

65. 肉牛场日常应采取哪些预防措施，防止传染病和寄生虫病的发生？

(1) 科学的饲养管理

①实行分群分阶段饲养：按牛的品种、性别、年龄、强弱等分群饲养；避免随意改动和突然变换，以保证牛体正常发育和健康的需要，防止传染病的发生。

②创造良好的饲养环境：牛舍要阳光充足，通风良好，冬天能保暖，夏天能防暑，排水通畅，舍内温度适当，湿度以50%～70%为宜；运动场干燥无积水。经常刷拭牛体。良好的饲养环境能促进牛体健康成长和繁殖，并能防止多种疾病的发生。

③保证适当的运动：每天上、下午让牛在舍外自由活动1～2小时，使其呼吸新鲜空气，沐浴阳光，增强心、肺功能，促进钙盐利用。但夏季应避免阳光直射牛体。

④供给充足的饮水：肉牛每天都需要大量的饮水。因此，凡有条件的牛场，都应设置自动给水装置，以满足饮水量和饮用清洁无污染的水，保证牛体正常代谢，维持健康水平。

⑤坚持定期驱虫：做好牛场驱虫工作能有效预防和减少传染病的发生。要针对临床寄生虫发病情况选择有效驱虫药物进行驱虫。通常选择广谱驱虫药，每年春秋两季进行集中性全群驱虫，结合转群、转饲或转场实施。新购买的架子牛进入育肥场10～15天要进行驱虫。使用驱虫药前必须认真阅读驱虫药品使用说明书，按照说明书用药；要注意驱虫药的交替使用，防止耐药；另外，在进行大群体驱虫时，应进行小群体的试验，防止发生大群牛的药物中毒；驱虫后2～5小

时内，必须有专人值班，观察牛只，一旦发现中毒现象，立即进行解毒处理；驱虫后的牛粪应堆积发酵处理后才能作农家肥料，防止散布病原寄生虫。

⑥预防各类中毒病的发生：毒素和毒性物质不仅使牛发生中毒病，而且损伤牛体免疫功能，致使许多病原乘虚而入，导致传染病发生。因此，不得饲喂有毒的植物、霉烂的饲草、变质的糟渣、带毒的饼粕。管好灭鼠药物，防止牛吞食被毒杀的鼠尸。一旦发现中毒现象，必须立即查明原因，采取解毒措施。

（2）防止疫病传入

①牛场布局要利于防疫：牛场的位置要远离交通要道和工厂、居民住宅区，周围应筑围墙，甚至挖掘一定深度和宽度的围沟。场内生产区与办公区和生活区分开。生产区和牛舍入口处应设置消毒池，场内净道与污道要分开。贮粪场和兽医室、病牛舍应设在距牛舍 200 米以外下风向偏僻处，有条件的场还应配备粪污处理和无害化处理设施，以利于防疫和环境卫生。

②贯彻自繁自养：牛场或养牛户应有计划地实行本场繁殖、本场饲养，避免外地买牛带进传染病。牛场必须买牛时，一定要从非疫区购买。购买前须进行检疫。对购入的牛进行全身消毒和驱虫后，方可引入场内。进场后，仍应隔离于 200～300 米以外的地方，继续观察 15 天，进一步确认健康后，再并群饲养。检疫可按《中华人民共和国动物防疫法》中有关规定执行。

③建立系统的防疫制度：谢绝无关人员进入牛场。必须进入者，需要换鞋和穿戴工作服、帽。场外车辆、用具等不准进入场内。出售牛一律在场外进行。不从疫区和市场上购买草料。本场工作人员进入生产区，也得更换工作服和鞋帽。饲养人员不得串牛舍，不得借用其他牛舍的用具和设备。场内职工不得饲养任何自留牲畜或鸡、鸭、鹅、猫、犬等动物。患有结核病和布鲁氏菌病的人不得饲养牲畜。禁止在生产区内宰杀或解剖牛，不准把生肉带入生产区或牛舍，不准用未煮沸的残羹剩饭喂牛。消毒池的消毒药水要定期更换，保持有效浓度，一切人员进出门口时，必须从消毒池上通过。

④消灭老鼠和蚊、蝇等吸血昆虫：老鼠和蝇、蚊、虻、蠓等吸血

昆虫，能传播牛的多种传染病，消灭它们，尽量减少危害。

(3) 严格执行消毒制度 在传染病的防治措施中，通过消毒杀灭病原体，是预防和控制疫病的重要手段。由于各种传染病的传播途径不同，所采取的措施也不尽一致。对通过消化道传播的疫病，以对饲料、饮水及饲养管理用具进行消毒为主；对通过呼吸道传播的疫病，则以对空气消毒为主；对由节肢动物或啮齿动物传播的疫病，应以杀虫、灭鼠来达到切断传播途径的目的。平时要建立定期消毒制度，每年春、秋结合转饲、转场，对牛舍、场地和用具各进行一次全面大清扫、大消毒。

(4) 按需要进行预防接种 有计划地给健康牛群进行预防接种，可以有效地抵抗相应的传染病侵害。为使预防接种取得预期的效果，必须掌握本地区传染病的种类及其发生季节、流行规律，了解牛群的生产、饲养、管理和流动等情况，以便根据需要制订相应的防疫计划，适时地进行预防接种。

(5) 发现病牛应及时采取措施

①发现疑似传染病时，应及时隔离，尽快确诊，并迅速将疫情向上级业务主管部门或当地防疫、检疫机构报告，以便接受防疫指导和监督检查。

②对病牛和可疑病牛污染的场地、用具、工作服及其他污染物等必须彻底消毒，吃剩的草料及粪便、垫草应烧毁。

③病牛及疑似病牛的皮、肉、内脏和牛奶，须经兽医检查，根据规定分别进行无害化处理后利用或焚烧、深埋。屠宰病牛应在远离牛舍的地点进行，屠宰后的场地、用具及污染物，必须进行严格消毒。

66. 肉牛场常用疫（菌）苗如何保存和使用？

表5-1 肉牛场常用疫（菌）苗

疫（菌）苗名称	使用方法	保存期限	免疫期
无毒炭疽芽孢苗	1岁以上肉牛皮下注射1毫升，1岁以下0.5毫升	2～15℃、干燥冷暗处保存。有效期2年	注射后14天产生坚强免疫力，免疫期1年

（续）

疫（菌）苗名称	使用方法	保存期限	免疫期
第2号炭疽芽孢苗	不论大小均皮下注射1毫升或皮内0.2毫升	2～15℃、干燥冷暗处保存。有效期2年	注射后14天产生坚强免疫力，免疫期1年
气肿疽明矾菌苗	不论大小均皮下注射5毫升，6月龄内小牛在满6月龄时再注射1次	2～15℃、干燥冷暗处保存。有效期2年	注射后14天产生免疫力，免疫期6个月
牛出血性败血病氢氧化铝菌苗	体重100千克以下者，皮下或肌内注射4毫升，100千克以上者6毫升	2～15℃、干燥冷暗处保存。有效期1年	注射后21天产生免疫力，免疫期9个月
布鲁氏菌病19号活菌苗	皮下注射5毫升	湿苗2～8℃保存，有效期45天；冻干苗0～8℃保存，有效期1年	注射后1个月产生免疫力，免疫期6～7年
布鲁氏菌病猪型2号弱毒菌苗	皮下或肌内注射5毫升	液体苗0～8℃保存，有效期45天；冻干苗0～8℃保存，有效期1年	免疫期1年
布鲁氏菌病羊型5号菌苗	皮下或肌内注射2.5毫升，气雾免疫时每头牛室内量为250亿活菌（2.5毫升）	0～8℃保存，有效期1年	免疫期1年
牛肺疫兔化弱毒苗	氢氧化铝苗1岁以内1毫升，1岁以上2毫升，肌内注射。盐水苗1岁以内0.5毫升，1岁以上1毫升，尾端皮下注射	0～5℃保存，有效期10天	注射后21～28天产生免疫力，免疫期1年

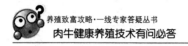

（续）

疫（菌）苗名称	使用方法	保存期限	免疫期
牛口蹄疫灭活疫苗（进口佐剂）	肌内注射，犊牛每头 2 毫升，成年牛每头 3 毫升	2～8℃保存，有效期 1 年。不可冻结	注射后 14 天产生免疫力，免疫期 4～6 个月
破伤风明矾沉淀类毒素	成年牛 1 毫升，1 岁以下 0.5 毫升，颈中央上 1/3 处皮下注射	2～10℃冷暗处保存。有效期 3 年	注射后 1 个月产生免疫力，免疫期 1 年
魏氏梭菌联合苗	皮下注射 1.5～2 毫升	2～8℃保存，有效期 1 年	注射后 15 天产生免疫力，免疫期 6 个月
牛流行热亚单位灭活苗	肌内注射 4 毫升，3 周后再注射一次	2～8℃保存，有效期 4 个月	注射后 15 天产生免疫力，免疫期 6 个月
牛瘟绵羊化兔化弱毒冻干疫苗	肌内注射 1 毫升	−15℃保存最长不超过 10 个月；0～8℃保存不超过 4 个月；8～12℃保存，最长不超过 30 天	注射后 7～15 天产生免疫力，免疫期至少 1 年
牛泰勒焦虫病裂殖体胶冻细胞苗	不论大小一律肌内注射 1 毫升	4℃保存，有效期 2 个月	注射后 21 天产生免疫力，免疫期 1 年

67. 牛场发生烈性传染病或疑似烈性传染病如何处理？

牛场一旦发生烈性传染病或疑似烈性传染病，应立即采取以下措施。

（1）报告疫情 牛场发现患有烈性传染病或疑似烈性传染病的牛，应立即向当地动物防疫监督机构报告。动物防疫监督机构接到疫情报告后，应立即派出两名以上具备相关资格的防疫人员到现场进行临床诊断，确认为疑似病例的，要按照国家有关规定逐级上报。

任何单位和个人不得瞒报、谎报和阻碍他人报告动物疫情。

（2）及时诊断　对于疑似病例或症状不够典型的病例，当地动物防疫监督机构要及时采集病料送省级动物防疫监督机构实验室进行检测，检测结果为阳性的，可认定为确诊病例。省级动物防疫监督机构实验室对难以确诊的病例，必须派专人将病料送国务院畜牧兽医行政管理部门指定的国家参考实验室检测，进行确诊。

（3）划定疫点、疫区、受威胁区　疫情确诊后，当地县级以上地方人民政府兽医主管部门应当立即派人到现场，划定疫点、疫区、受威胁区，调查疫源，及时报请本级人民政府对疫区实行封锁。

（4）封锁隔离　当地人民政府组织对疫区实施封锁。在疫区周围设置警示标志，在出入疫区的交通路口指派专人，配备消毒设备，建立临时性检疫消毒站，禁止易感牲畜进出和易感畜产品运出，对出入人员和车辆进行严格消毒。

（5）疫情处置　县级以上地方人民政府应当立即组织有关部门和单位采取封锁、隔离、扑杀、销毁、消毒、无害化处理、紧急免疫接种等强制性措施，迅速扑灭疫病。疫点内严禁人员的进出，对与病畜密切接触过的人员实行隔离观察；对疫区、受威胁区内的易感动物实施紧急免疫接种，密切观察疫情动态，实施疫情监测；疫点、疫区实行严格消毒。

（6）解除封锁　最后1头病畜死亡或扑杀后14天内不再出现新的病例的，经终末全面消毒后，经动物防疫监督机构按规定审验合格后，由当地畜牧兽医行政管理部门向发布封锁令的人民政府报批，由原发布封锁令的人民政府发布解除封锁。

68. 为预防发生传染病，牛场应做好哪些日常消毒工作？

每个养殖场都应该制定严格的消毒制度，这是疫病防控必不可少的措施。

（1）出入口消毒　场区的大门不能畅通无阻，必须设置阻隔，牛场大门入口处要设立消毒池，池宽同大门宽度，长为机动车轮一周半，池内应放2‰氢氧化钠或者是5%来苏儿等消毒液，每半月更换一次。车辆进入场区必须经过消毒池消毒；大门入口处应设消毒室，室内两侧、顶壁设紫外线灯，一切人员进入生产区都必须经过消毒通道经紫外线照射5～10分钟后进入。进入生产区的工作人员、参观人员必须更换场区工作服、工作鞋。

（2）牛舍消毒 牛舍每天应清洗槽道、地面、墙壁，除去褥草、污物、粪便，每月进行一次消毒，圈舍消毒同时进行饲养用具等消毒。料槽、水槽每周消毒一次，圈舍及运动场应每天打扫，保持清洁卫生。带牛消毒要注意环境温度和消毒液的温度，必须与通风换气措施配合起来，而且要用0.1％新洁尔灭、0.1％过氧乙酸等对动物无害、对笼具器材无腐蚀性的消毒液进行带畜消毒，减少动物应激和便于动物体表及圈舍干燥。每次牛舍空圈后，要进行彻底的清扫消毒，要把笼架、饲槽洗刷干净，将垫草、垃圾、剩料、粪便、墙壁和顶棚上的蜘蛛网、尘土等清理出去，用2％氢氧化钠或20％石灰乳、5％～20％漂白粉、3％～5％来苏儿等喷洒和刷洗墙壁、笼架、槽具、地面，消毒1～2小时后，再用清水冲洗干净，晾干。在进栏前1周，再用0.3％～0.5％过氧乙酸做舍内环境和物品的喷洒消毒，也可用福尔马林进行熏蒸消毒。

（3）生产区专用设备的消毒 生产区专门送料车每周消毒一次，可用0.3％过氧乙酸溶液喷雾消毒。进入生产区的物品、用具、器械、药品等要通过专门消毒后才能进入圈舍。可用紫外线照射消毒。

（4）环境消毒 牛场每季进行一次全场消毒。仔细清扫牛舍周围环境、运动场地面后用2％苛性钠溶液、10％石灰乳、5％漂白粉等消毒液进行消毒。清洗工作结束后应及时将粪便及污物运送到贮粪场。场区内应定期清除杂草，填平低洼地，防止害虫滋生，同时要做好灭鼠、灭蚊蝇、防鸟等工作。

（5）人员消毒 场内饲养员每年要进行健康检查，在取得健康合格证后方可上岗工作。饲养员工作时必须穿戴工作服、工作帽和工作鞋（靴），饲养人员的工作帽、工作服、工作鞋（靴）应经常清洗、消毒。对更衣室、淋浴室、休息室、厕所等公共场所要经常清扫、清洗、消毒。工作结束后，工作人员经消毒后方可离开现场。平时的消毒可采用消毒药液喷洒法，直接将消毒液喷洒于工作服、靴、帽子上，工作人员的手及皮肤裸露处以及携带物品可用蘸有消毒液的纱布擦拭，之后再用清水洗净。严禁工作人员相互串门。

(6) 临时消毒 养殖场邻近地区发生传染病受到威胁时，首先要针对疫区发生的传染病病原给牛群进行紧急免疫接种，并要控制人员的进出，对饲养人员、进出场区的工作人员、进出物品及车辆要进行严格消毒。要适当增加日常消毒工作次数和密度，保持场内和圈舍环境卫生。对牛群要进行实时观察，一旦发现有疑似感染者，立即进行隔离和扑杀处理，对发病牛和疑似感染病牛所在牛舍及其活动过的场所、接触过的用具要进行严密的消毒，污染的饲料经消毒后销毁，病牛排出的粪便应集中到指定地点堆积发酵和消毒，同时对其他牛舍进行紧急消毒。

69. 牛场发生传染病后，应如何对疫源地进行消毒处理？

牛场发生传染病时，应对疫源地进行临时消毒和终末消毒。临时消毒应尽早进行，消毒的对象包括病牛停留的场所、房舍、病牛的各种分泌物和排泄物、剩余饲料、管理用具以及人员的手、鞋、口罩和工作服等。在集中病牛的地方，如隔离舍、兽医院等进行临时消毒，具有重要的意义。病牛解除隔离、痊愈或死亡后，或者在疫区解除封锁前，为了彻底地消灭传染病的病原体而进行的最后消毒称为终末消毒。大多数情况下，终末消毒只进行 1 次，不仅病牛周围一切物品、牛舍等要进行消毒，有时连痊愈牛的体表也要消毒。

(1) 牛舍与运动场地的消毒 先将粪便、垫草、残余饲草饲料、垃圾等加以清扫，堆在指定地点，发酵处理。如量小又有传染危险时，也可焚烧或深埋。对地面、墙壁、门窗、饲槽、用具等进行严格喷洒或彻底洗刷。泥泞的圈舍，可撒一层干石灰或草木灰，并在消毒后垫上新土。消毒圈舍、场地常用 10%～20% 石灰乳剂、2%～4% 烧碱水，喷洒消毒时，一般每平方米面积用药量 1 升，泥土地面、运动场可适当增加。

牛舍也可用气体熏蒸消毒。应用福尔马林熏蒸消毒畜禽圈舍，通常按每立方米空间用福尔马林 25 毫升加水加热熏蒸，或者按每立方米空间用福尔马林 25 毫升、高锰酸钾 12.5 克混合物进行熏蒸，消毒过程中应保持圈舍密闭，经 12～24 小时后打开门窗通风换气。也可根据消毒对象和污染程度不同选择不同级用药浓度进行熏蒸消毒。

（2）**地面土壤的消毒** 芽孢杆菌污染的地面，首先用 10%漂白粉溶液喷洒，然后掘起表土 30 厘米左右，撒上干漂白粉，与土混合后，将此表土深埋。如为水泥地，则用消毒液喷洒消毒。

牧地如果被污染，一般利用阳光暴晒或种植对病原微生物起杀害作用的植物，如葱、蒜、小麦、黑麦等，使土壤得到净化。

（3）**粪便的消毒** 最常用的是将粪便堆积，利用发酵时产生的生物热来达到消毒的目的，粪堆或粪池积满后，表面加盖或用杂草泥土封好。此法发酵可使温度上升到 70～80℃，1～3 周即可杀灭一般非芽孢病原体及寄生虫卵。

炭疽、气肿疽等疫病不适用于堆肥发酵法，粪便要予以焚烧。

（4）**污水的消毒** 污染的水视具体情况，有针对性地进行消毒。如果污水量不大，可拌洒在粪便中堆积发酵。如果水池、水井被污染，可根据不同情况予以永久地或暂时地封闭，或进行化学处理。方法是每立方米水中加入漂白粉 8～10 克，充分搅混，经 10 日后方可启用。

（5）**车辆的消毒** 运送过传染病牛或疑似病牛及其尸体、粪便和产品原料的车辆，在彻底清扫之后，还应用 10%的漂白粉或 2%～4%的烧碱热溶液消毒。

（6）**空气的消毒** 最简便的方法是通风，这是减少空气中病原微生物数量极有效的方法。其次是利用紫外线杀菌等消毒方法。

（7）**杀虫和灭鼠** 鼠、蝇、蚊、蜱等都是牛传染病的传播媒介，鼠类也是人畜传染病的病原携带者。因此，杀灭这些寄生害虫和鼠类，在控制和扑灭牛传染病方面都有很重要的意义。

牛场传染病疫源地内各种污染物的消毒方法及消毒剂参考剂量见表 5-2。

表5-2 牛场疫源地污染物的消毒方法及消毒剂参考剂量

污染物	消毒方法及消毒剂参考剂量	
	细菌性传染病	病毒和真菌性传染病
空气	（1）甲醛熏蒸，福尔马林用量12.5～25毫升/米³，作用12小时（加热法）； （2）2%过氧乙酸熏蒸，用量1克/米³，作用1小时（20℃）； （3）0.2%～0.5%过氧乙酸或3%来苏儿喷雾，30毫升/米³，作用30～60分钟； （4）紫外线每平方厘米60 000微瓦·秒	（1）甲醛熏蒸，福尔马林用量25毫升/米³，作用12小时（加热法）； （2）过氧乙酸熏蒸，用量3克/米³，作用90分钟； （3）0.5%过氧乙酸或5%漂白粉澄清液喷雾，作用1～2小时； （4）乳酸熏蒸，用量10毫克/米³，加水1～2倍，作用30～90分钟； （5）紫外线每平方厘米100 000微瓦·秒
排泄物（粪、尿、呕吐物等）	（1）成形粪便加2倍量的10%～20%漂白粉乳液，作用2～4小时； （2）对稀粪便可直接加漂白粉，用量为粪便的1/5，作用时间2～4小时	（1）成形粪便加2倍量的10%～20%漂白粉乳液，充分搅拌，作用6小时； （2）对稀粪便可直接加漂白粉，用量为粪便的1/5，充分搅拌，作用6小时； （3）尿液每100毫升加漂白粉3克，充分搅拌，作用2小时
分泌物（鼻涕、唾液、脓汁、乳汁、穿刺液等）	（1）加等量10%漂白粉或1/5量干粉，1小时； （2）加等量0.5%过氧乙酸，作用30～60分钟；用量1克/米³，作用1小时（20℃）； （3）加等量3%～6%来苏儿，作用2小时	（1）加等量10%～20%漂白粉乳液（或1/5量的干粉），作用2～4小时； （2）加等量的0.5%～1%过氧乙酸，作用30～60小时
饲槽、水槽、饮水器等	（1）0.5%过氧乙酸浸泡30～60分钟； （2）1%～2%漂白粉澄清液浸泡30～60分钟； （3）0.5%季铵盐类消毒浸泡30～60分钟； （4）1%～2%氢氧化钠热溶液浸泡6～12小时	（1）0.5%过氧乙酸浸泡30～60分钟； （2）3%～5%漂白粉澄清液浸泡30～60分钟； （3）2%～4%的氢氧化钠热溶液浸泡6～12小时

（续）

污染物	消毒方法及消毒剂参考剂量	
	细菌性传染病	病毒和真菌性传染病
工作服、被单等织物	（1）高压蒸汽灭菌，121℃，15～20分钟； （2）煮沸15分钟（加0.5%肥皂）； （3）甲醛25毫升/米³，作用12小时； （4）环氧乙烷熏蒸，用量2.5克/升，作用2小时； （5）过氧乙酸熏蒸，用量1克/米³，作用60分钟； （6）2%漂白粉澄清液或0.3%过氧乙酸或3%来苏儿浸泡30～60分钟	（1）高压蒸汽灭菌121℃，30～60分钟； （2）煮沸15～20分钟（加0.5%肥皂）； （3）甲醛25毫升/米³，12小时； （4）环氧乙烷熏蒸，用量2.5克/升，作用2小时（20℃）； （5）过氧乙酸熏蒸，用量3克/米³，作用90分钟； （6）2%漂白粉澄清溶液浸泡1～2小时； （7）0.3%过氧乙酸浸泡30～60分钟
书籍、文件纸张等	（1）环氧乙烷熏蒸，用量2.5克/升，作用2小时（20℃）； （2）甲醛熏蒸，福尔马林用量25毫升/米³，作用12小时	（1）环氧乙烷熏蒸，用量2.5克/升，作用2小时（20℃）； （2）甲醛熏蒸，福尔马林用量25毫升/米³，作用12小时
用具	（1）高压蒸汽灭菌； （2）煮沸15分钟； （3）环氧乙烷熏蒸，用量2.5克/升，作用2小时； （4）甲醛熏蒸，福尔马林用量50毫升/米³，作用1小时（消毒间）； （5）0.2%～0.3%过氧乙酸，1%～2%漂白粉澄清液，3%来苏儿，0.5%季铵盐类消毒剂浸泡或擦拭，作用30～60分钟	（1）高压蒸汽灭菌； （2）煮沸30分钟； （3）环氧乙烷熏蒸，用量2.5克/升，作用2小时； （4）甲醛熏蒸，福尔马林125毫升/米³，作用3小时（消毒间）； （5）0.5%过氧乙酸或5%漂白粉澄清液浸泡或擦拭，作用30～60分钟； （6）5%来苏儿浸泡或擦拭，作用1～2小时

（续）

污染物	消毒方法及消毒剂参考剂量	
	细菌性传染病	病毒和真菌性传染病
牛舍、运动场及舍内用具	（1）污染草料与牛粪集中焚烧； （2）牛舍四壁用2%漂白粉澄清液喷雾（200毫升/米²），作用1～2小时； （3）牛舍与野外地面喷洒漂白粉20～40克/米²，作用2～4小时（30℃）；1%～2%氢氧化钠溶液、5%来苏儿溶液喷洒，1 000毫升/米²，作用6～12小时； （4）甲醛熏蒸，福尔马林用量12.5～25毫升/米³，作用12小时（加热法）； （5）0.2%过氧乙酸喷雾或熏蒸，用量1克/米³，作用1小时（20℃）； （6）0.2%～0.5%过氧乙酸，3%来苏儿喷雾或擦拭，作用1～2小时	（1）污染草料与畜粪集中焚烧； （2）牛舍四壁用5%～10%漂白粉澄清液喷雾（20毫升/米²），作用1～2小时； （3）牛舍与野外地面喷洒漂白粉20～40克/米²，作用2～4小时（30℃）；2%～4%氢氧化钠溶液、5%来苏儿溶液喷洒，1 000毫升/米²，作用12小时； （4）甲醛熏蒸，福尔马林用量25毫升/米³，作用12小时（加热法）； （5）过氧乙酸熏蒸，3克/米³，作用90分钟； （6）0.5%过氧乙酸或5%漂白粉澄清液喷雾或擦拭，作用2～4小时； （7）0.5%来苏儿喷雾或擦拭，作用1～2小时
运输工具	（1）1%～2%漂白粉澄清液或0.2%～0.3%过氧乙酸，喷雾或擦拭30～60分钟； （2）3%来苏儿或0.5%季铵盐类消毒剂喷雾或擦拭30～60分钟； （3）1%～2%氢氧化钠溶液喷洒或擦拭1～2小时	（1）5%～10%漂白粉澄清液或0.5%～1%过氧乙酸，喷雾或擦拭30～60分钟； （2）5%来苏儿喷雾或擦拭，作用1～2小时； （3）2%～4%氢氧化钠溶液喷洒或擦拭，作用2～4小时
医疗器械、玻璃金属制品	（1）1%过氧乙酸浸泡30分钟； （2）0.01%碘伏浸泡30分钟，纯化水冲洗	（1）1%过氧乙酸浸泡30分钟； （2）0.01%碘伏浸泡30分钟，纯化水冲洗

70. 如何诊断与预防牛口蹄疫？

口蹄疫俗称"口疮""蹄癀"，是由口蹄疫病毒引起的一种人和偶蹄动物的急性、发热性、高度接触性传染病。是OIE法定报告的动物传染病之一，我国列为一类传染病。主要临床症状表现为口腔黏膜、唇、蹄部和乳房皮肤发生水疱和溃烂。

【病因】该病由口蹄疫病毒引起。口蹄疫病毒具有多型性、变异性等特点，目前全世界有7个主型：A、O、C、南非1、南非2、南非3和亚洲Ⅰ型。各型之间不产生交叉保护。病毒存在于病牛的水疱、唾液、血液、粪、尿及乳汁中。病毒对外界抵抗力很强，不怕干燥，但对日光、热、酸、碱则均敏感。

【流行病学】口蹄疫的易感动物种类繁多，多达70余种，其中牛最易感，其次为猪、绵羊和山羊。不同地区可表现为不同的季节性，牧区一般从秋末开始，冬季加剧，春季减轻，夏季平息，在农区，这种季节性不明显。病牛是传染源，传播途径是通过直接接触和间接接触，经消化道、损伤的黏膜、皮肤和呼吸道传染。口蹄疫病毒传染性很强，一旦发生，呈流行性，且每隔1～2年或3～5年就流行1次。有一定的周期性。

【症状】潜伏期平均为2～4天，长者可达1周左右。病牛体温升高至40～41℃，精神不振，食欲减退，流涎。1～2天后，唇内面、齿龈、舌面和颊部黏膜出现1～3厘米见方的白色水疱，大量流涎，水疱破裂形成糜烂，病牛因口腔疼痛采食困难，进食减少或不进食。水疱破裂后，体温下降至正常，糜烂部位逐渐愈合。与水疱出现的同时或稍后，蹄部的趾间、蹄冠的皮肤也出现水疱，并很快破裂，病畜不愿意行走，严重者蹄匣脱落。在牛的鼻部和乳头上也出现水疱，之后破裂，形成粗糙的、有出血的颗粒状糜烂面。感染的怀孕母牛经常出现流产。病程为1周左右，病变部位恢复很快，全身症状也逐渐好转，如果发生在蹄部，病程较长，一般为2～3周，死亡率低，不超过1%～3%。但是如果病毒侵害心肌时，可使病情恶化，导致心脏出现麻痹而突然死亡。哺乳犊牛患病时，水疱症状不明显，常呈现急性胃肠炎和心肌炎症状而突然死亡，犊牛死亡率较高。

【防制】由于口蹄疫发病率高、传播快和易造成大流行等特点，因此在防治上应本着预防为主和"早、快、严、小"的原则，群防群策，严格执行各项兽医卫生防疫制度，采取综合防控措施。

（1）预防措施

①加强免疫　严格执行国家口蹄疫强制免疫计划，建立并实施以免疫抗体监测为主的科学免疫效果评价方法。

②强化监测　积极开展疫病监测和流行病学调查工作，及时发现疫情隐患，实时预警预报。

③加强检疫监管　加强流通环节的检疫和监管，加强边境地区联防联控，严禁从疫区调入动物及相关的动物产品。

④强化疫情处置　落实疫情报告制度，建立健全应急防控机制，强化应急准备，发生疫情后应立即按照口蹄疫防治技术规范进行处置，做到"早、快、严、小"。

⑤实行良好的生物安全行为　形成常规的卫生、清洁和消毒制度，鼓励标准化和规范化养殖，完善动物及动物产品可追溯体系，严格病死动物和废弃物的无害化处理。

（2）疫情处置　发现疫情应立即上报，严格按照国家有关规定进行处理。

71.　如何诊断与防治牛结核病？

结核病是由结核分枝杆菌引起的一种人兽共患的慢性消耗性传染病，我国将其列为二类动物疫病。人的结核病主要由结核分枝杆菌感染引起，动物的结核病主要由牛结核分枝杆菌感染所引起，但这两种病原菌对人和动物都可以感染。

【病因】本病由结核分枝杆菌引起，病菌分 3 个类型：牛型、人型、禽型。本菌对外界抵抗力强，对干燥和湿冷更强。对热抵抗力差，60℃30 分钟可死亡，100℃沸水中立即死亡。一般消毒药，如 5% 来苏儿、3%～5% 甲醛、70% 酒精、10% 漂白粉溶液等可杀灭病菌。

【流行病学】患牛是本病的传染源，不同类型的结核杆菌对人和畜有交叉感染性。病菌存在于鼻液、唾液、痰液、粪尿、乳汁和生殖器官的分泌物中，这些东西能污染饲料、饮用水、空气以及周围环境。可通过呼吸道和消化道感染，环境潮湿、通风不好、牛群拥挤、饲料营养缺乏维生素和矿物质等均可诱发本病的发生。

【症状】潜伏期一般为 10～45 天，呈慢性经过。主要包括以下几种类型。

（1）肺结核　长期干咳，之后变为湿咳，早晨和饮水后较明显，渐渐咳嗽加重，呼吸次数增加，且有淡黄色黏液或黏性鼻液流出。食欲下降、消瘦、贫血，产奶、产肉量减少，体表淋巴结肿大，体温一般正常或稍高。

（2）淋巴结核　肩前、股前、腹股沟、颌下、咽及颈部等淋巴结肿大，有时可能破溃形成溃疡。

（3）乳房结核　乳房淋巴结肿大，常在后方乳腺区发生结核，乳房肿大，有硬块，泌乳量减少，乳汁稀薄、呈灰白色。随着病程延长，乳腺萎缩、泌乳停止。

（4）肠结核　多发生于犊牛，以消瘦和下痢为特征。下痢与便秘交替，之后发展为顽固性下痢，粪便带血、腥臭，消化不良，渐渐消瘦。

【防治】应用链霉素、异烟肼、对氨基水杨酸钠及利福平等药治疗本病，在初期有疗效，但不能彻底根治，因此，一旦发现病牛，应立即淘汰。采取严格的检疫、隔离、消毒措施，加强饲养管理，加强检疫，培养健康牛群。

72. 如何诊断与防治牛布鲁氏菌病？

本病也称传染性流产，是由布鲁氏菌引起的人兽共患的一种接触性传染病，特征为流产和不孕。

【流行病学】春、夏容易发病，病畜为传染源，病菌存在于流产的胎儿、胎衣、羊水、流产母畜阴道分泌物及公畜的精液内。传染途径是直接接触性传染，经受伤的皮肤、交配、消化道等均可传染。本病呈地方性流行。发病后可出现母畜流产，在老疫区病牛出现关节炎、子宫内膜炎、胎衣不下、屡配不孕、睾丸炎。犊牛有抵抗力，母畜易感。

【症状】最主要的症状是流产，多发生在妊娠后第 5～8 个月，或产出死胎或弱胎，胎衣不下，流产后阴道内继续排出褐色恶臭液体，母牛流产后很少发生再次流产。公畜常发生睾丸炎、阴茎红肿及关节炎。病牛发生关节炎时，多发生在膝关节及腕关节。

【防制】

（1）加强免疫 用 19 号活菌苗，犊牛 6 个月接种一次，18 个月再接种一次，免疫效果可持续数年。每年春秋定期检疫，对检出阳性牛要按国家有关规定进行处理。

（2）加强检疫

73. 如何诊断和防治牛流行热？

牛流行热（又名三日热）是由牛流行热病毒引起的一种急性热性传染病。其特征为牛突然高热，呼吸促迫，流泪和消化器官的严重卡他性炎症和运动障碍。大部分病牛感染后经 2～3 天即恢复正常，故又称三日热或暂时热。该病病势迅猛，但多为良性经过。过去曾将该病误认为是流行性感冒。该病能引起牛大群发病，明显降低乳牛的产乳量。

【病原】 病原为牛流行热病毒，又名牛暂时热病毒，该病毒对氯仿、乙醚敏感。发热期病毒存在于病牛的血液、呼吸道分泌物及粪便中。

【流行病学】 该病主要侵害黄牛和奶牛，以 3～5 岁壮年牛、乳牛、黄牛易感性最高，水牛和犊牛发病较少。病牛是该病的传染来源，其自然传播途径尚不完全清楚。人工感染时静脉注射病牛血能引起发病，而其他途径接种的结果则不一致。一般认为，该病多经呼吸道感染。此外，吸血昆虫的叮咬，以及与病畜接触的人和用具的机械传播也是可能的。

该病流行具有明显的季节性，多发生于雨量多和气候炎热、蚊蝇活动频繁的 6～9 月份。流行迅猛，短期内可使大批牛只发病，呈地方流行性或大流行。有明显的周期性，3～5 年大流行一次，大流行之后，常有一次小流行。病牛多为良性经过，在没有继发感染的情况下，死亡率为 1‰～3‰。

【临床主要症状】 潜伏期为 3～7 天。

该病大部分为良性经过。　病牛突然出现高热（40℃以上），一般维持2～3天，表现流泪，眼睑和结膜充血、水肿。呼吸急促、困难，发出哼哼声，有时可由窒息而死亡。流鼻液。食欲废绝，反刍停止，口炎，口角多量流涎。粪干或下痢，尿量减少、浑浊。四肢关节肿痛，呆立不动，呈现跛行。孕牛可发生流产、死胎，奶牛泌乳量下降或停止。发病率高，病死率低，一般在1％以下，常呈良性经过，2～3天即可恢复正常。部分病例可因四肢关节疼痛，长期不能起立而被淘汰。

【诊断】根据临床症状和流行病学调查进行初步诊断，发热初期可采血进行病毒分离鉴定，或采集发热初期及恢复期血清进行中和试验和补体结合试验。

鉴别诊断：应与传染性鼻气管炎、茨城病、牛副流感、牛恶性卡他热加以鉴别。

【预防措施】

（1）加强消毒。加强牛舍的卫生管理对预防该病具有重要作用。在蚊蝇吸血昆虫活动季节，每周用5％敌百虫液喷洒牛舍和周围排粪沟1～2次，用过氧乙酸对牛舍地面及食槽等进行消毒，以减少传染。

（2）进行免疫接种。

【治疗】病牛一般取良性经过，多数病牛尤其是流行后期发病的牛或症状较轻者，只要加强护理常可不药而愈。

表现高热时，肌内注射复方氨基吡啉20～40毫升，或30％安乃近2～30毫升。重症病牛给予大剂量的抗生素，常用青霉素、链霉素，并用葡萄糖生理盐水、林格氏液、安钠咖、维生素 B_1 和维生素C等药物，静脉注射，每天2次。四肢关节疼痛牛可静脉注射水杨酸钠溶液。对于因高热而脱水和由此而引起的胃内容物干涸，可静脉注射林格氏液或生理盐水2～4升，并向胃内灌入3％～5％盐类溶液10～20升。

也可用清肺、平喘、止咳、化痰、解热和通便的中药施治。如九味羌活汤：羌活40克，防风46克，苍术46克，细辛24克，川芎31克，白芷31克，生地31克，黄芩31克，甘草31克，生姜31克，大葱一棵。水煎两次，一次灌服。加减：寒热往来加柴胡；

四肢跛行加地风、木瓜、牛膝；肚胀加青皮、苹果、松壳；咳嗽加杏仁、瓜蒌；大便干加大黄、芒硝。均可缩短病程，促进康复。注意：流行热病牛都有呼吸迫促的症状，所以在灌服中药前1～2小时要注射氨茶碱等平喘类药，使病牛喘气得到暂时缓解，避免药汁进入肺内。有的病牛久卧不起，用酒醋热灸四肢，可起到活血化瘀作用。

74. 如何诊断与防治牛传染性鼻气管炎？

牛传染性鼻气管炎也是牛临床常发的一种传染病，它是由牛传染性鼻气管炎病毒引起的一种牛呼吸道传染病。

【流行特点】各种年龄的牛均可感染发病，其中以20～60日龄的犊牛最为易感。主要发病季节为秋冬寒冷季节。传染途径是呼吸道，此外经交配也可传播本病。

【临床症状】

(1) 呼吸道型 病牛精神沉郁，体温升高达40℃以上，食欲废绝。鼻腔流出多量黏脓性鼻液，鼻黏膜高度充血、呈朱红色，并有浅溃疡，鼻翼和鼻镜发炎，甚至坏死，故又名"红鼻子病"或"坏死性鼻炎"。病牛呼吸困难，呼出气中常有臭味，咳嗽。有的病牛还出现腹泻、流泪、结膜发炎。

(2) 脑膜脑炎型 仅犊牛发生。体温升高达40℃以上，食欲减退或废绝，鼻黏膜发红，流浆液性鼻液，流泪，流涎。病牛共济失调，沉郁，随后兴奋、惊厥，最终倒地，角弓反张，磨牙，四肢划动。

(3) 生殖道感染型 病牛体温升高，精神沉郁，食欲减退或废绝，频尿，有痛感。母牛阴门联合下流黏液线条，阴户和阴道黏膜充血，上面有小的灰白色透明水疱样隆起，并可发展成脓疱，大量的小脓疱使阴户前区及阴道壁呈现一种颗粒状外观，小脓疱可融合在一起而形成一层红黄色的坏死膜，坏死膜脱落后留下一个浅表的红色糜烂面，以后逐渐愈合。公牛的包皮和阴茎上发生脓疱，脓疱破裂后出现溃疡，并有包皮漏，阴茎和包皮肿胀。

确诊须作病原学、血清学和病理组织学检查。

【防治】

（1）**预防**　搞好平时的卫生防疫工作，免疫接种可用牛传染性鼻气管炎弱毒疫苗或灭活疫苗进行预防注射。

（2）**治疗**　目前尚无特效药物。采用抗菌素防止细菌继发感染，并配合对症治疗，可减少死亡。

75. 如何诊断和防治牛狂犬病？

近年来狂犬病时有发生。狂犬病俗称疯狗病，是由狂犬病病毒引起的一种人畜共患的急性接触性传染病。本病主要侵害中枢神经系统，临床特征主要表现为兴奋、嗥叫，最后麻痹死亡。

【流行特点】病原体为弹状病毒科的狂犬病病毒，它存在于脑脊髓神经组织、唾液腺及其分泌物中，对酸性或碱性消毒药液均敏感。各种年龄的牛均可感染发病，以犊牛和母牛较多见。发病牛一般有被犬咬伤史，也有的发病牛原因不明，尚有待进一步的研究。该病常在一个地区内散发，这与带狂犬病病毒犬或其他带毒动物的分布有关。

【临床症状】牛被患狂犬病的动物咬伤感染后，一般经1～3个月或更长时间的潜伏后出现症状。

病牛表现精神沉郁，反刍、食欲减少，不久食欲和饮水停止，明显消瘦，腹围变小。同时，表现起卧不安和阵发性兴奋。病牛精神狂暴不安，神态凶猛，意识紊乱，不断嗥叫，声音嘶哑，试图挣脱绳索，冲撞墙壁，跃踏饲槽，磨牙，流涎，不能吞咽，瘤胃臌气，有的还攻击人畜。当兴奋发作后，往往有短暂停歇，以后又再次发作，并逐渐出现麻痹，最后倒地不起，衰竭而死亡，病程3～7天。

【诊断】根据临床症状和流行特点进行诊断，确诊须做病原学和病理组织学检查。

【防治】首先要扑杀狂犬病犬，对健康犬每年定期接种狂犬病疫苗，牛被犬咬伤后立即用肥皂水反复冲洗伤口并用清水洗净，碘酊消毒，并尽早注射疫苗，间隔3～5天注射两次，每次皮下注射量25～30毫升。有条件的可在咬伤后注射狂犬病血清，剂量每千克体重0.5

毫升。

76. 如何诊断和防治牛巴氏杆菌病？

牛巴氏杆菌病又称牛出血性败血病，是由多杀性巴氏杆菌引起的一种急性、热性、全身性的传染病。

【流行特点】 病畜和病禽的排泄物、分泌物及带菌动物均是本病重要的传染源。本病主要通过消化道和呼吸道传染，也可通过吸血昆虫和损伤的皮肤、黏膜而感染。易感动物很多，家畜中以各种牛、猪、兔、绵羊发病较多，发病动物以幼龄为多，较为严重，病死率较高。发病无明显季节性，一年四季均可发生，但饲料品质低劣、营养成分不足、矿物质缺乏、牛舍拥挤、卫生条件差、冷热交替、气候剧变、闷热、潮湿、多雨的时期，引起机体抵抗力下降时，可发生内源性传染。一旦发病，病牛会不断排出强毒细菌，感染健康牛，造成一个牛场、一个地区的流行。

【症状】 潜伏期为 2～5 天。症状可分为败血型、水肿型和肺炎型，水肿型和肺炎型都是在败血型基础上引发的。

(1) 败血型 发病急、病程长，病牛体温升高到 40℃ 以上，随之出现全身症状，精神沉郁，低头弓背，被毛粗乱无光，肌肉震颤，皮温不整，结膜潮红，鼻镜干燥，有浆液性黏液性鼻液，其间混有血液。泌乳、反刍均停止。稍经时日，患牛表现腹痛、下痢，粪便初为粥样，后呈液状，其中混有黏液及血液，恶臭。从拉稀开始，体温随之下降，迅速死亡。病期多为 12～24 小时。

(2) 水肿型 除呈现全身症状外，在颈部、咽喉部及胸前的皮下结缔组织出现迅速扩展的炎性水肿，水肿部皮肤初热、痛而硬，压后指印不退，后变凉，疼痛减轻。水肿也可在肛门、会阴和四肢皮下发生。同时伴发舌及周围组织的高度肿胀，呈暗红色。由于咽部、舌部肿胀严重，使患畜呼吸高度困难，流泪、流涎、磨牙，舌吐出齿外，烦躁不安，并出现急性结膜炎。皮肤和黏膜普遍发绀。牛多因窒息而死亡，病期 12～36 小时。

(3) 肺炎型 主要呈现纤维素性胸膜肺炎症状。病牛呼吸困难，有痛苦干咳。从鼻孔中流出泡沫样带血的鼻汁，后呈脓性，可视黏膜发绀，胸部叩诊有实音区，听诊有啰音，胸膜有摩擦音。病初便秘，后期下痢，开始粪便呈乳糜粥状，后变为液状，具有恶臭，并混有血液。病期较长的一般可到 3 天或 1 周左右。

【诊断】根据临床症状和流行病学调查初步诊断，确诊须作病原学和血清学检查。

【防治】

（1）预防 加强饲养管理，合理搭配饲料。避免拥挤和受寒，牛舍应定期消毒，搞好环境卫生，勤换垫草。减少应激，在长途运输中应细心管理，避免过度劳累，必要时在运输前注射高免血清或菌苗进行预防。

（2）治疗 发生本病时，应立即将病牛隔离治疗，对健康牛仔细观察、检查体温，牛舍用 5％漂白粉、10％石灰乳等消毒，粪便用生物热消毒。

发病早期可使用免疫血清，每头牛静脉或皮下注射 100～200 毫升，重病牛可连用 2～3 次。药物治疗以磺胺类药物疗效较好。静脉注射 10％磺胺嘧啶钠或磺胺噻唑钠注射液，犊牛每次 80～120 毫升，成年牛 160～200 毫升，每天注射 2 次，连用 3～5 天，对早期急性病例有较好疗效，与免疫血清同时应用，效果更佳。也可用青霉素、链霉素或盐酸土霉素等治疗。

77. 如何诊断与防治牛放线菌病？

牛放线菌病是牛常见的一种非接触性、化脓性肉芽肿性慢性传染病。其特征病变是在头、颈、下颌和舌上发生放线菌肿。常伴发骨质变化，呈骨质疏松性炎症、坏死性化脓。犊牛以面部多发，成年牛多发生在下颌部。

【流行特点】本病主要发生于牛，各年龄段的牛都可发病，尤其 2～5 岁牛最易感染，本病主要通过损伤感染。常发生在换齿的时候或者因上皮组织嫩薄，牛采食粗糙带尖芒的饲料时刺破口腔黏膜，经消化道而感染。此外，也可经呼吸道传染。

【症状】放线菌好发部位为颌骨、鼻骨以及下颌间隙处、肉垂处、头颈部的皮肤和皮下组织，常侵害下颌骨，而上颌骨则少见。病情发展较慢，一般经 6～18 个月形成肉芽肿，病初有痛感，晚期痛感消失。病变部呈现硬固的、界限明显的、无热稍痛的硬结，大小不一，小者如核桃大，大者呈垒球大小。在骨内的放线菌可导致骨组织明显肿大呈扁平隆起，与周围界限不十分明显，增大的骨组织压迫鼻腔可引起呼吸困难，当位于上、下颌骨体处时影响采食和咀嚼等功能。放线菌在组织内感染引起组织坏死、化脓，脓汁可穿透皮肤向外排脓，形成瘘管。在骨组织内的放线菌瘘管是弯弯曲曲伸向骨组织深部，破坏骨组织，使骨组织进一步坏死，呈豆腐渣状。在软组织内的放线菌病灶，其瘘管伸向颌下间隙深部。脓液中含有坚硬光滑的、黄白色的细小菌块，很像硫黄颗粒。乳房患病时，呈局限性肿大或弥散性肿大，乳汁黏稠，混有脓汁。当舌体上患病时，舌体增粗变硬，称为木舌症，病牛表现流涎，咀嚼、吞咽、呼吸均困难。

成年牛患此病多在下颌部（左右两侧多见）；犊牛和 12 月龄以内的育成牛发病时，放线菌肿多出现在面部，全身反应轻微，不影响食欲，以后肿胀物顶部破溃，流出黄白色似乳酪样的脓汁，伤口不易愈合，经治疗也可吸收。

【防治】

（1）预防 搞好平时的卫生防疫工作。舍饲时，最好于饲喂前将干草、谷糠等浸软，避免刺伤口黏膜。发现伤口要及时处理治疗。

（2）治疗 软组织病灶经治疗较易恢复，而骨质的病变则无法使之恢复。

①药物治疗 青霉素对放线菌病有很好的疗效，链霉素对林氏放线菌作用较好，在病原未确定以前可并用青霉素、链霉素，用 10％碘酊涂抹患部。与此同时，内服碘化钾，成年牛每天 5～10 克，犊牛每天 2～4 克，连用 2～4 周。

②手术疗法 软组织上的病灶可以完整摘除。对骨组织内的放线菌病灶，一般采取先切开骨组织外的软组织，然后对坏死的骨组织采用手术刀挖除和烧烙破坏相结合的办法，将放线菌肿病灶清除掉，创面不缝合，创伤二期愈合。

78. 除消化不良引起的腹泻外，临床上哪些疫病常引起犊牛腹泻？如何诊断和防治？

引起犊牛腹泻常见疫病的鉴别诊断

发病名称	病原	流行特点	主要临床症状	防治
牛黏膜病	黏膜病病毒	各种年龄的牛都有易感性。幼牛易感性较高；一年四季均可发生，多见于冬春季节。感染途径主要是消化道和呼吸道。	鼻孔、鼻镜、口黏膜、齿龈、舌、软腭、硬腭、咽部、食管和阴道常有散在或连片的不规则、小的糜烂和烂斑。鼻腔流浆液、咳嗽、呼吸急促。腹泻，粪稀如水或混有黏液和血液，臭。慢性病例还表现跛行、球节部皮肤发红、肿胀，趾间部皮肤发红、肿胀，甚至糜烂坏死，腹泻呈间歇性，病牛消瘦。	本病目前尚无有效治疗和免疫方法，只有搞好平时的卫生防疫工作，发病犊牛加强护理和对症疗法，增强机体抵抗力，促使病牛康复。
牛轮状病毒病	轮状病毒	多发生在10～14日龄的新生犊牛，在晚秋、冬春季节多见。	以厌食、呕吐、腹泻、脱水为主要特征。粪便呈黄白色的液状，有时带有黏液和血液。剖检肠壁变薄，肠道尤其是小肠明显膨胀，其中被未完全消化吸收的乳汁和水样物充满，肠黏膜易脱落。	搞好牛舍的防寒保暖；分别在产前60～90天和30天给妊娠母牛接种疫苗；发病犊牛要停止喂乳，用葡萄糖甘氨酸溶液或补液盐、葡萄糖盐水给病畜自由饮用，再根据病情进行对症治疗，有继发感染用抗菌药物。
大肠杆菌病	大肠杆菌	多见于7日龄以内的犊牛，10日龄以上少见。主要发生于7日龄以内未吃初乳或吃乳不及时的犊牛。	常于腹泻症状出现后1天内死亡，有时未见腹泻就死亡。腹泻出现后，体温常下降至正常。病程稍长者可见到腹泻和神经症状，病牛兴奋不安，随后表现沉郁、昏迷。	让犊牛及时吃到足够的初乳，保持产房清洁卫生，要彻底消毒，注意母牛的乳房卫生。接产严格脐带消毒，防止感染引发败血症。预防接种可用大肠杆菌多价菌苗或自家菌苗进行产前接种。 治疗原则是抗菌、补液、调节胃肠机能和调整肠道微生态平衡。

（续）

发病名称	病原	流行特点	主要临床症状	防治
牛副伤寒	沙门氏菌	不同年龄、品种的牛均能感染发病，多见于10～14日龄集中舍饲的犊牛，新引进感染犊牛是最重要的传染源，常在运入后几天内发现病例，在3周中达到高峰。	腹泻，粪便中混有黏液、血液及小片黏膜，粪便恶臭，牛虚弱，常在1～2天死亡。未死亡的病牛出现关节炎症状或少数在耳尖、尾尖等部位发生缺血性坏死。妊娠母牛可出现流产。	牛副伤寒氢氧化铝菌苗给犊牛接种预防。病初可用抗生素进行治疗，需做药敏试验；用抗沙门氏菌病血清100～150毫升肌内注射。

79. 如何防治肉牛肝片吸虫病？

【病因】肉牛肝片吸虫病是由肝片形吸虫寄生在牛的肝脏和胆管中而引起以营养障碍、贫血、消瘦、水肿、异食为特征的一种疾病。其通过被污染了的草料和饮水而传播。

【症状】逐渐消瘦，贫血，被毛粗乱，四肢下端、前胸和腹下部水肿、乏力，卧地不起，衰竭死亡。

【防治措施】硫双二氯酚，每千克体重40～60毫克，一次灌服。硝氯酚，每千克体重3～4毫克，拌料内服。溴酚磷（蛭得净），每千克体重12毫克，一次内服。感染区牛应在入冬前驱虫，重感染区需在下一年5～6月份增加1次驱虫。

80. 如何防治肉牛血吸虫病？

【病因】是由日本分体吸虫寄生于人、畜和啮齿类动物门静脉系统小血管所致的一种人兽共患寄生虫病。

【症状】主要为慢性经过，消瘦，生长发育缓慢，消化不良，腹泻，生产性能下降。大多数牛感染后，临床症状不明显，成为血吸虫病的传染源。少数病牛大量感染尾蚴，可呈急性发作，体温高达

40℃以上。带黏液和血液的腹泻，乏力，贫血，迅速衰竭死亡。根据临床症状、病史结合粪便沉淀孵化法，可检查到粪便中毛蚴的存在。

【防治措施】吡喹酮，每千克体重 30 毫克，一次内服；现在推广应用其他有效药物有硝硫氰胺（7505）、呋喃丙胺等。定期检查牛粪便，病牛驱虫。加强粪便管理和堆积发酵处理，管好水源，避免污染。消灭中间宿主钉螺。

81. 如何防治肉牛绦虫病？

【病因】肉牛绦虫病是由寄生于牛小肠中的绦虫（莫尼茨绦虫、盖氏曲子宫绦虫和无卵黄腺属的绦虫）引起的疾病，对犊牛危害较大。其通过被污染了的草料和饮水而传播。

【症状】消瘦，乏力，贫血，生长发育不良，腹泻，少数病牛可出现抽搐、旋转等神经症状，观察粪便常可发现白色米粒状的单个孕节或成面条状的连续节片。

【防治措施】氯硝柳胺，每千克体重 60～100 毫克，内服。吡喹酮，每千克体重 10～15 毫克，一次口服。丙硫咪唑，每千克体重 10～20 毫克，加水内服。硫双二氯酚，每千克体重 40～60 毫克，内服。

本病流行区，牛、羊要定期驱虫，减少和消灭带虫者。草地轮牧和深翻，农牧轮作。避开清晨和黄昏放牧，以减少感染。

82. 如何防治肉牛消化道线虫病？

【病因】它是由多种线虫混合寄生在牛胃肠里所引起的寄生虫病。寄生在消化道内的线虫种类很多，主要的有捻转血矛线虫、食道口线虫、仰口线虫和毛首线虫等。牛放牧吃草和饮水吞入侵袭性幼虫而被感染。

【症状】

（1）捻转血矛线虫　寄生在皱胃及小肠。一般呈亚急性经过，病牛被毛粗乱，全身消瘦，精神不振，衰弱，步态不稳，放牧离群，全身可视黏膜苍白，下颌间隙和下腹部发生水肿，最后衰竭死亡。

（2）食道口线虫（结节虫） 寄生在大肠。病牛持续性腹泻或顽固性下痢，粪便呈暗绿色，表面带有黏液，有时带血。慢性病例则表现为便秘和腹泻交替进行，最后多因机体衰竭而死亡。

（3）仰口线虫（钩虫病） 寄生在小肠。病牛表现以贫血为主的一系列症状，临床可见可视黏膜苍白，病牛消瘦，皮下水肿；消化道症状表现为顽固性下痢，粪便黑色。严重感染时会出现后躯麻痹等神经症状。

（4）毛首线虫 寄生在大肠（盲肠）。主要表现在 2 个方面，一是虫体的头部钻入盲肠黏膜，造成机械性损伤和刺激，导致卡他性或出血性炎症，严重时形成出血性坏死，另一方面是虫体生活过程的代谢产物及其分泌的毒素可导致机体中毒。

【防治措施】 根据线虫发病的流行季节和感染的严重情况，有计划地进行驱虫，一般每年进行 2 次驱虫。驱虫药种类很多，常用的驱虫药物如酚噻嗪、噻咪唑、左噻咪唑、敌百虫、亚砜咪唑、丙硫苯咪唑和伊维菌素等，可根据情况选用。加强粪便管理，勤清除并堆积发酵，杀死粪便中的虫卵。不在低洼潮湿牧地放牧，管好饮水源，防止粪便污染。草地轮牧。加强营养和饲养管理，增强机体抵抗力。

83. 如何防治肉牛焦虫病？

【病因】 本病是由红细胞内寄生焦虫而引起的疾病，其传播媒介是蜱。我国常见的有双芽巴贝斯焦虫、牛巴贝斯焦虫和环形泰勒焦虫。

【症状】 高热，贫血，黄疸，血红蛋白尿（巴贝斯焦虫）。表现精神委顿，无食欲，初便秘后腹泻，体表淋巴结肿大（环形泰勒焦虫尤为严重），乏力，衰竭，死亡。该病是由焦虫在蜱体内繁殖，牛放牧时蜱叮咬而感染的。以散发和地方流行为主，多发生于夏秋季节，7～9 月份为发病高峰期。

【防治措施】 血虫净，每千克体重 5～7 毫克，配成 5％溶液肌内注射，每日 1 次，3 次为一个疗程。必要时可重复一个疗程，在使用过程中一旦出现不良反应，可使用阿托品或强力解毒敏进行解毒。黄色素，每千克体重 3～4 毫克（总量不超过 2 克），生理盐水配成 1% 溶液静脉注射，1～2 天后再注射 1 次。阿卡普林，每千克体重 1 毫克，配成 2% 溶液皮下注射（注意可能发生过敏反应）。消灭蜱和调整改变牛的饲养方式，防止蜱的叮咬吸血。

84. 肉牛体表寄生虫螨有何危害？如何防治？

螨病是疥螨和痒螨寄生在动物体表引起的慢性寄生性皮肤病。螨病又叫疥癣、疥疮、疥虫病等，具有高度传染性，发病后往往蔓延至全群，危害十分严重。

【流行病学】疥螨和痒螨的全部发育过程都在宿主体度过，包括虫卵、幼虫、若虫和成虫 4 个阶段，其中雄螨有一个若虫期，雌螨有两个若虫期。疥螨的发育是在牛的表皮内不断挖掘隧道，并在隧道内不断繁殖和发育，完成一个发育周期需 8～22 天。痒螨在皮肤表面进行繁殖和发育，完成一个发育周期需 10～12 天。本病的传播是由于健畜与患畜直接接触传染。该病主要发生于冬季和秋末、春初。牛疥螨病开始于牛的头部、颈部、背部、尾根等被毛较短的部位，严重时可波及全身。痒螨病则起始于被毛稠密和温度、湿度比较恒定的皮肤部位，水牛多见于角根、背部、腹侧及臀部，黄牛多见于颈部两侧、垂肉和肩胛两侧，以后才向周围蔓延。

【症状】病初剧痒，患牛不断在圈墙、栏柱等处摩擦。阴雨天气、夜间、通风不好的圈舍以及随着病情的加重，痒觉表现更为剧烈。由于患牛摩擦和啃咬，患部皮肤出现结节、丘疹、水疱甚至脓疱，以后形成痂皮，造成被毛脱落、龟裂、皮肤变厚、出现皱褶，炎症可不断向周围皮肤蔓延。牛只因终日啃咬和摩擦患部、烦躁不安，影响正常的采食和休息，日渐消瘦和衰弱，生长停滞，有时可导致死亡。

【防治】

（1）预防

①有计划地对牛群定期进行药浴驱虫。

②加强饲养管理。经常保持圈舍干燥、通风，定期对圈舍及用具

进行清扫和消毒，加强饲养人员的管理。

③对新购入的牛应隔离检查后再混群。

④一旦发现可疑患牛，应及时隔离并进行治疗。

（2）治疗 可用药浴、注射或灌服药物、涂搽方法进行治疗

①药浴 病牛数量多且气候温暖的季节，可选用 0.025％～0.03％林丹乳油水溶液、0.05％蝇毒磷乳剂水溶液、0.5％～1％敌百虫水溶液、0.05％辛硫磷油水溶液、0.05％双甲脒溶液等进行药浴治疗。

②注射或灌服药物方法 可选用伊维菌素（害获灭）或与伊维菌素药理作用相似的药物，按每千克体重 100～200 微克注射或灌服。

③涂搽 可用 2％敌百虫溶液涂搽患部，每次用量不超过 10～12克，间隔 2～3 天，连续 2～3 次。亦可应用林丹、单甲脒、双甲脒、溴氰菊酯（倍特）等药物，按说明涂擦使用。

此外，要彻底清扫厩舍，并用 2％敌百虫溶液喷洒杀虫，保持圈舍的卫生和通风。

六、肉牛其他疾病的防治

85. 氟乙酰胺中毒的原因、症状是什么？如何防治？

氟乙酰胺是一种有机氟化合物，是一种应用广泛的杀虫剂，有内吸及触杀作用。

【病因】牛误食喷洒了农药的饲草和被污染的饮水，氟乙酰胺进入机体并转变为毒性更大的氟柠檬酸，当蓄积到一定量后出现症状。潜伏期为 30 分钟至 2 小时。

【症状】中毒主要表现为心血管系统反应，精神沉郁，全身无力，不愿走动，体温正常或低于正常，反刍停止，食欲废绝。心跳加快，心律不齐，脉搏弱，出现心室纤维性颤动。磨牙、呻吟、不排粪、步态蹒跚，脑部缺氧，发生阵发性痉挛，病程持续 2～3 天。急性的持续 9～18 小时，突然倒地、抽搐、死亡，死前四肢痉挛，瞳孔放大，口吐白沫，角弓反张。

【防治】

（1）**预防**　加强有机氟化物的保管和使用，注意放牧时的饲草采食情况，做好毒物监测，牧草氟含量高于 30 克/千克、饮水氟含量高于 2 克/千克时不可食（饮）。

（2）**治疗**

①首先用 0.02％高锰酸钾溶液或石灰水洗胃，然后服蛋清或氢氧化铝胶以保护胃肠黏膜，最后用盐类泻剂导泻。

②肌内注射解氟灵（50％乙酰胺），每千克体重 0.1 克，首次用量达到每日用药量的一半，一般注射 3～4 次，直到颤搐现象消失。

③可用醋精（乙二醇乙酸酯）100 毫升，溶于 500 毫升水中，口服，或以每千克体重 0.125 毫升肌内注射；或用 95％酒精 100～200

毫升，加适量水，每日口服 1 次；或用 5％酒精和 5％醋酸，每千克体重各 2 毫升，口服。

④进行对症治疗。静脉注射葡萄糖酸钙有助于控制痉挛；镇静使用巴比妥、水合氯醛或氯丙嗪；解除呼吸抑制，可用山梗茶碱、尼可刹米、可拉明；控制脑水肿，可用 20％甘露醇（或 25％山梨酸）溶液，也可静脉注射 50％葡萄糖溶液；纠正酸中毒，可用 5％碳酸氢钠溶液。

86. 棉籽饼中毒的原因、症状是什么？如何防治？

【病因】牛采食了大量棉籽饼，棉籽饼中的主要有毒成分是棉酚，它是一种萘的衍生物，可分为结合棉酚和游离棉酚 2 种。结合棉酚是棉酚和蛋白质、氨基酸的结合物的总称，不能被肠道消化吸收，是无毒的。有毒性的是游离棉酚，易被家畜消化吸收，使硫和蛋白质结合，损害血红蛋白中铁的作用，导致溶血，棉酚还能使神经系统紊乱，引起不同程度的兴奋和抑制。棉籽饼缺乏维生素 A 和钙，长期饲喂可引起牛的消化、泌尿等器官黏膜变性。

【症状】牛大量采食棉籽饼可发生瘤胃积食，出现腹痛和便秘，后期腹泻脱水引起酸中毒。渐渐病牛出现夜盲症和干眼症，棉酚还能损害血液循环系统，可使病牛出现出血性胃肠炎、血红蛋白尿，伤害脑组织，引起神经功能紊乱。犊牛吃了棉籽饼，食欲下降、腹泻、黄疸、夜盲、血红蛋白尿，重者伴有佝偻病。

【防治】

(1) 预防　在调配饲料时，应注意棉籽饼的用量，每日不超过 1.5 千克。饲喂前作无毒处理，如加占棉籽饼重量 10％的大麦粉或面粉，然后加水煮沸。成年牛在饲喂棉籽饼时，同时饲喂一些苜蓿干草或其他草，尽量使用脱脂棉饼。

(2) 治疗　无特效疗法，进行对症治疗。

成年牛出现瘤胃积食时，可用泻剂。硫酸钠 500 克、大黄末 100 克，开水冲，再用温水 4～5 升调和，胃管投服。孕牛可选用石蜡油 1 500～2 000 毫升灌服。对于出现的眼病，可按维生素 A 缺乏症

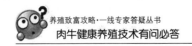

治疗。

犊牛出现中毒后，可静脉注射 10％葡萄糖、糖盐水、复方盐水各 300 毫升，5％碳酸氢钠 150 毫升，每日 2 次；腹痛呻吟可肌内注射安乃近 10 毫升；输入母牛血 100 毫升，每日 2 次；止泻药用活性炭 50 克，加水适量灌服，每日 2 次。

87. 菜籽饼中毒的原因、症状是什么？如何防治？

【病因】牛采食了大量的菜籽饼，菜籽饼中含有芥子硫苷，在芥子水解酶的作用下，产生挥发性芥子油，即硫氰丙烯酯。该成分有毒性，从而引起牛中毒。

【症状】病牛表现不安、流涎、食欲废绝、反刍停止，很快出现胃肠炎症状，如腹痛、腹胀或腹泻，严重的粪便中带血，肺气肿、肺水肿、呼吸加快或困难，有时伴发痉挛性咳嗽，鼻腔流出泡沫状液体，排尿次数增多，血红蛋白尿或血尿，黏膜发绀，心率减慢，体温正常或低下，最终虚脱而死亡。

【防治】

（1）**预防** 浸泡煮沸菜籽饼，进行去毒；饲喂前进行测定，芥子油含量超过 0.5％时应作去毒处理；去毒后与其他饲料调配饲喂，严格控制饲喂数量。孕牛和幼牛不可饲喂。

（2）**治疗** 进行对症治疗，内服淀粉浆（淀粉 200 克，开水冲成糊糊）、豆浆水等，也可用 0.5％～1％鞣酸溶液洗胃或内服；皮下或肌内注射 20％樟脑溶液 20～40 毫升，肌内注射止血敏 20 毫升。重病病例可输血 500～1 000 毫升，输液输氧解毒用 25％葡萄糖溶液和复方盐水各 1 000 毫升，加入维生素 C 3～4 克、双氧水 100 毫升，静脉注射；轻型病例可静脉输入葡萄糖和维生素 C 溶液。

88. 尿素中毒的原因、症状是什么？如何防治？

【病因】牛的瘤胃微生物具有利用尿素合成蛋白质的能力，因此生产上常常应用尿素替代蛋白质饲料以节约蛋白质。当饲喂尿素、双缩脲和双铵磷酸盐量过多或方法不当时，能产生大量的氨，而瘤胃微生物不能在短时间内利用，大量的氨进入血液、肝脏等组织器官，致使血氨增高而侵害神经系统，造成中毒。

【症状】尿素中毒在很短时间内就出现症状，临床上表现为反刍减少或停止，瘤胃迟缓，唾液分泌过多，表现不安，肌肉震颤，呼吸困难，脉搏增数（100 次／分），体温升高，全身出现痉挛，倒地，流涎，瞳孔放大，窒息死亡。病程一般为 1.5～3 小时，病程延长者，后肢不全麻痹，四肢僵硬，卧倒不起，发生褥疮。

【防治】

（1）预防 不能把尿素溶解于水里进行饲喂；饲喂尿素时必须供给充足的碳水化合物；不能与大豆混合饲喂，以防脲酶的分解作用，使尿素迅速分解加快；瘤胃机能尚未健全的犊牛不宜饲喂添加尿素的日粮。

（2）治疗 病初可用 2%～3% 的醋酸溶液 2 000 毫升，加白糖 500 克，水 2 000 毫升，一次灌服；为降低血氨浓度，改善中枢神经系统功能，可用谷氨酸钠注射液 200～300 毫升，用等渗糖溶液 3 000 毫升或 10% 葡萄糖液 2 000 毫升稀释后，静脉滴注，每日 1 次，有高血钾症时不可用钾盐；瘤胃臌气严重时，可穿刺放气；可用苯巴比妥抑制痉挛，每千克体重 10 毫克；出现呼吸中枢抑制时，可用安钠咖、尼可刹米等中枢兴奋药解救。

89. 霉变饲料中毒的原因、症状是什么？如何防治？

【病因】饲料由于保管不当或受雨水淋湿，造成有毒的霉菌寄生，从而产生毒素，使牛发病。常见的霉菌有黄曲霉菌、青霉菌、镰刀霉菌等，在毒素的侵蚀下，加之动物的抵抗力降低，就会造成中毒的发生。

【症状】成年牛中毒呈慢性经过，毒素主要侵害肝脏、血管和神经系统，引起出血、水肿和神经症状，以及腹水、消化机能障碍，表现为前胃弛缓、瘤胃臌胀、间歇性腹泻，最后脱水，产奶量降低或停止，孕牛发生流产。有的病例出现惊恐和转圈运动，后期昏迷而死亡。犊牛厌食、磨牙、消瘦、生长延迟和精神委靡。犊牛对黄曲霉菌毒素敏感，且死亡率高。

【防治】

（1）预防 仔细检验饲料，发现霉变饲料绝不可饲喂。

（2）治疗 对于轻型病例，可停喂含脂肪多的饲料，增喂青绿饲料，可自然痊愈。

对于严重病例，投服盐类泻剂，人工盐500～800克，温水3～5升稀释，胃管投服，排除胃内容物；保护肝脏，取25%～50%葡萄糖500～1 000毫升，加入维生素C 3～5克，5%氯化钙液200～300毫升，40%乌洛托品50～60毫升，静脉滴注；皮下注射强心剂、10%樟脑硫酸钠10～20毫升或10%安钠咖20～30毫升；可配合使用青霉素、链霉素进行并发症治疗，不可使用磺胺类药物。

90. 氢氰酸中毒的原因、症状是什么？如何防治？

【病因】牛采食了大量含氢氰酸的高粱、玉米的幼苗，三叶草，南瓜藤等，这些饲料中含有较多的氢氰酸的衍生物——氰苷配糖体，可引起中毒，收割后的高粱、玉米的再生幼苗或雨涝、霜冻后的幼苗含量极高。或误食了氰化钠、氰化钾等可造成中毒。

【症状】采食过程或采食后不久突然发病。病牛站立不稳，呻吟痛苦，表现不安，流涎，呕吐，可视黏膜潮红，血液鲜红；呼吸极度困难，抬头伸颈，张口喘息，呼出气有苦杏仁味；肌肉痉挛，全身衰弱无力，卧地不起，结膜发绀，血液暗红，瞳孔散大，眼球震颤；皮肤感觉减退，脉搏细弱无力，全身抽搐，很快因窒息死亡。急性病例，一般不超过2小时，最快者3～5分钟死亡。

【防治】

（1）预防 防止牛采食幼嫩的高粱苗和玉米苗；亚麻籽饼要煮熟去毒；管理好农药，不可误食氰化物。

（2）治疗

①应用解毒药进行解毒：发病后立即静脉注射3%亚硝酸钠注射液60～70毫升，随后再注射5%硫代磷酸钠注射液100～200毫升；

选用美蓝注射液治疗时，浓度要高，剂量大于亚硝酸盐中毒时的10倍；由于葡萄糖能与氢氰酸结合成无毒的腈类，故可静脉注射50%葡萄糖500毫升。

②对症治疗：释放静脉血、静脉输氧；使用呼吸兴奋剂（尼可刹米）、强心剂（安钠咖、樟脑）等以缓解病情。

91. 瘤胃积食的病因、症状是什么？如何防治？

【病因】由于牛采食了大量难以消化的干燥饲料使瘤胃胀满、胃壁过度扩张的一种疾病。运动不足、饥饿、突然更换饲料等，各种不良因素的刺激，牛机体衰弱，神经反射性降低，特别是当瘤胃消化和运动功能减弱时，容易引发本病。此病也可继发于前胃弛缓、瓣胃阻塞、创伤性网胃炎及真胃变位等疾病。

【症状】病牛采食、反刍停止，不断嗳气，轻度腹痛，摇尾或后肢踢腹，拱背，有时呻吟。左侧腹下部轻度膨大，肷窝丰满或略凸出，触压瘤胃呈现深浅不同的压痕，瘤胃蠕动音初期增强，以后减弱或停止。鼻镜干燥，呼吸困难，黏膜发绀，脉搏增加，体温一般不升高。

病至后期，因胃内容物分解产生的有毒物质作用于机体，病畜呈现疲乏无力，四肢颤抖，步态不稳，站立困难，昏迷倒卧于地，最后可因窒息或心脏衰竭死亡。

【防治】

（1）预防　主要是预防牛贪食与暴食，合理利用与加工含粗纤维的饲料。对病牛加强护理，停喂草料，待积食、胃胀消失和反刍恢复后，给少量的易于消化的干青草，逐步增量，反刍正常后，可以恢复正常饲喂。

（2）治疗　可用下列方法治疗。

①轻症：可按摩瘤胃，每次10～20分钟，1～2小时按摩1次。结合按摩灌服大量温水，则效果更好。也可内服酵母粉250～500克，每天2次。

②重症：可内服泻剂，如硫酸镁或硫酸钠500～800克，加松节

油 30～40 毫升，清水 5～8 升，一次内服，或液体石蜡油 1～2 升，一次内服，或与盐类泻剂并用。

③洗胃：对病牛可用粗胃导管反复洗胃，尽量多导出一些食物。

④当瘤胃内容物泻下后，可应用兴奋瘤胃蠕动的药物，如皮下注射新斯的明、氨甲酰胆碱（怀孕母牛及心脏衰弱者忌用）、毒扁豆碱、毛果芸香碱等。若瘤胃内容物已泻下，食欲仍不见好转，可酌情应用健胃剂，如番木鳖酊 15～20 毫升，龙胆酊 50～80 毫升，加水 500 毫升，一次口服。

⑤补液：病牛饮食废绝、脱水明显时，应静脉补液，同时补碱，加 25％葡萄糖溶液 500～1 000 毫升，复方氯化钠溶液或糖盐水 3 000～4 000 毫升，5％碳酸氢钠溶液 500～1 000 毫升，一次静脉注射。或者静脉注射 10％氯化钠溶液 300～500 毫升。

⑥三仙散加减中药疗法：山楂、麦芽、六曲、莱菔子、木香、槟榔、枳壳、陈皮，麻油 250 毫升，混合灌服。若大便干燥而不通者，加大朴硝、大黄，以泻下燥粪；若病牛恶寒而有表症者，加生姜、大葱以解表通阳；若腹胀甚者，加青皮、厚朴以破滞消痞；若正气衰，加党参、当归以扶正祛邪。

⑦单方：老南瓜 3～5 千克，切碎煮烂灌服；苏打粉 250 克，加温水灌服，20 分钟后，再用芒硝 500 克，加水 5 升灌服。

92. 食管阻塞的病因、症状是什么？如何防治？

【病因】牛食管阻塞的原因是由于采食了大块的饲料不能通过食管而引起，如精料中的各类饼块，块根类中的甘薯、大头菜、萝卜、马铃薯，以及球茎甘蓝、包菜、玉米棒、水果、南瓜等。在牛过快地大口吃这些饲料时，由于未经过充分的唾液湿润和咀嚼，也可能发生食管阻塞。此外，食管狭窄、麻痹、痉挛及胸部发生肿瘤时，也可继发食管阻塞。

【症状】病牛表现骚动不安，头颈伸展且频频试图吞咽，张口伸舌，大量流涎，有时发生痉挛性咳嗽，饮水采食停止，即使试图咽下食物、饮水，也多从鼻孔或经口流出。当不完全阻塞时，仅能将水咽下，故可由给水发现阻塞部位。食管起始部位阻塞时，即使吞下食物也会立即逆出；食管下部阻塞时，则食物逆出就会慢些；当食管完全阻塞时，饮水、采食都会停止，仅出现空嚼和吞咽动作，食管沿着颈左侧呈圆筒状隆起，压之可引起哽咽运动，有时则出现呕吐，妨碍嗳气和反刍，继发瘤胃臌胀；当食道不完全阻塞时，则膨胀不明显。

【防治】

（1）预防

①注意马铃薯、胡萝卜等块根类饲料及饼类饲料的保管，防止牛偷食。

②做好饲料的调制，大块的饲料要切碎，饼类饲料要用水充分浸泡，使之软化。

（2）治疗

①阻塞的异物在牛食管起始部可用手向上挤压，然后把手伸入牛口腔将异物掏出。

②阻塞的异物在颈部和胸部时，可用胃管向胃推送，推送时为缓解食管痉挛，可先灌入1％普鲁卡因20毫升，润滑食管可灌熟豆油和石蜡油50～100毫升，然后缓慢地把阻塞物推入胃内。为防止出现剧烈痉挛，还可皮下注射阿托品每千克体重0.02～0.05毫克/次。

③食管切开手术方法。

④如果阻塞物在食管中部，可将牛卧倒，将阻塞物砸碎。

93. 瘤胃臌胀的病因，症状是什么？如何防治？

【病因】本病又称瘤胃臌气，是一种气体排泄障碍性疾病，由于气体在瘤胃内大量积聚，致使瘤胃容积极度增大，压力增高，胃壁扩张，严重影响心、肺功能而危及生命。该病分为急性和慢性两种。

急性瘤胃臌胀是由于牛采食了大量易发酵的饲料和饮用了大量的水，胃内迅速产生大量气体而引起瘤胃急剧膨胀，如带露水的幼嫩多汁青草或豆科牧草、酒糟，冰冻的多汁饲料以及腐败变质的饲料等。慢性瘤胃臌胀大多继发于食管、前胃、真胃和肠道的各种疾病。

【症状】

(1) 急性瘤胃臌胀 病牛多于采食中或采食后不久突然发病，表现不安，回头顾腹，后肢踢腹，背腰拱起，腹部迅速膨大，肷窝凸起，左侧更明显，可高至髋关节或背中线，反刍和嗳气停止，触诊凸出部紧张有弹性，叩诊呈鼓音，听诊瘤胃蠕动音减弱，高度呼吸困难，心跳加快，可视黏膜呈蓝紫色。后期病牛张口呼吸，站立不稳或卧地不起，如不及时救治，很快因窒息或心脏麻痹而死。

(2) 慢性瘤胃臌胀 病牛的左腹部反复膨大，症状时好时坏，消瘦、衰弱。瘤胃蠕动和反刍机能减退，往往持续数周乃至数月。

【防治】

(1) 预防

①预饲干草：在夜间或临放牧前，预先饲喂含纤维素多的干草如苏旦草、燕麦干草、稻草、干玉米秸等。

②割草饲喂：对于发生膨胀危险的牧草，应该先收割，晾晒至蔫后再喂。放牧时，应该避开幼嫩豆科牧草和雨后放牧的危险时机。

(2) 治疗

①急性病例可采用以下方法：

A. 首先对腹围显著膨大危及生命的病牛进行瘤胃穿刺，投入防腐制酵剂。

B. 民间偏方。牛吃豆类喝水后出现瘤胃臌气时，可将牛头放低，用树棍刺激口腔咽喉部位，使牛产生恶逆呕吐动作，排出气体，达到消胀的目的。

C. 缓泻止酵。成年牛用石蜡油或熟豆油 1 500～2 000 毫升，加入松节油 50 毫升，一次胃管投服或灌服，每日 1 次，连用 2 次。

D. 对于因采食碳水化合物过多引起的急性酸性瘤胃臌胀，可用氧化镁 100 克，常水适量，1 次灌服。

②慢性瘤胃臌胀可采用下列方法：

A. 缓泻止酵。石蜡油或熟豆油 1 000～2 000 毫升，灌服，每日 1 次，连用 2 日。

B. 熟豆油 1 000～2 000 毫升，硫酸钠 300 克（孕牛忌用，孕牛可单用熟豆油加量灌服），用热水把硫酸钠溶化后，一起灌服，每日

1 次，连用 2 日。

C. 民间偏方。可用涂有松馏油和大酱的木棒衔于口中，木棒两端用细绳系于牛头后方，使牛不断咀嚼，促进嗳气，达到消气止胀的目的。

D. 止酵处方。稀盐酸 20 毫升、酒精 50 毫升、煤酚皂溶液 10 毫升混合后，用水 50～100 倍稀释，胃管灌服，每日 1 次。

E. 抗菌消炎。静脉注射金霉素每千克体重 5～10 毫克/日，用 5％葡萄糖液溶解，连用 3～5 日。

F. 中医止气消胀，增强瘤胃功能。党参 50 克，茯苓、白术各 40 克，陈皮、青皮、三仙、川朴各 30 克，半夏、莱菔子、甘草各 20 克，开水冲服，每日 1 次，连用 3 剂。

94. 前胃弛缓的病因、症状是什么？如何防治？

【病因】原发性前胃弛缓，主要是饲养管理失宜所致。如长期大量饲喂粗硬秸秆（如豆秸、甘薯藤等）、饮水少、草料骤变、突然改变饲喂方式、过多地给予精饲料等，导致牛的瘤胃消化机能下降，引起本病的发生。牛舍的恶劣环境，如拥挤、通风不畅、潮湿、缺乏运动和日光照射，以及其他不利因素的刺激，均可引发本病的发生。

继发性前胃弛缓，可继发于某些传染病、寄生虫病、口腔疾病、肠道疾病、代谢疾病等。

【症状】前胃弛缓的表征包括 3 种类型。

(1) 急性型 由于恶劣的因素刺激，使牛陷于急剧的应激状态，主要表现为食欲不振、反刍减少和瘤胃蠕动减弱等。

(2) 慢性型 是最普通的病型，病程经过缓慢且顽固，病情时好时坏。病牛表现倦怠，皮温不整，被毛粗刚，营养不良、消瘦，眼球凹陷；产奶量下降，呻吟、磨牙；食欲不振，有时出现异嗜癖；反刍减退，频频发出恶臭的嗳气；瘤胃蠕动减弱，胃内积食，有轻度膨胀；便秘，粪便腐败干硬、恶臭、成暗褐色块状。

(3) 瓣胃便秘型

①急性便秘：触诊（右侧 7～9 肋间）对抵抗感增大，有压痛，叩诊时为浊音、脉搏、呼吸加快、垂头、呻吟、不安、不愿活动，尤

其是不能卧下。

②慢性便秘：食欲废绝或偏食（厌恶精料，喜食干草），产奶量下降，呼吸次数增多（60～80次/分钟），体温轻度上升（至39.5℃）；瘤胃蠕动衰退，便秘。

【防治】

(1) 预防 防止强烈的应激因素的影响，如长途运输、热性传染病、恐惧、饲料突变等；少喂或不喂粗硬秸秆，或过细的精饲料；满足饮水和青绿饲料；及时治疗一些引发本病的疾病，如网胃炎、真胃变位、酮病等。

(2) 治疗 要对症治疗，给予易消化的草料，多给饮水。

①调整瘤胃功能：静脉注射10％氯化钠溶液500毫升，皮下注射10％安钠咖注射液20毫升，比赛克灵10～20毫升（怀孕牛禁用）；用龙胆酊50毫升，或马前子酊10毫升，加稀盐酸20毫升，酒精50毫升，常水适量，灌服，每日1次，连用1～3次；用柔软的褥草或布片按摩瘤胃部。

②应用缓泻药：将镁乳200毫升（为了中和酸时可用50毫升），用水稀释3～5倍，灌服或胃管投服，每日1次；也可应用人工盐300克，龙胆末30克，混合后温水适量灌服，每日2次，连用2日。

③接种瘤胃液以改善内环境：用健康牛的瘤胃液4～8升灌服。

④瓣胃便秘时：应用石蜡油1 000～2 000毫升灌服，连用2日；皮下注射比赛克灵10毫升（怀孕牛禁用），每日2次。

⑤中医疗法

A. 慢性胃卡他（不腹泻）、胃寒不愿吃草料、耳鼻凉、逐渐消瘦、暖寒开胃的处方。益智仁、白术、当归、肉桂、川朴、陈皮各30克，砂仁、肉蔻、干姜、青皮、良姜、枳壳、甘草各20克，五味子15克，研末冲服。

B. 胃肠卡他（寒泻、腹泻），暖寒利水止泻方。以上处方加苍术40克，猪苓、茯苓、泽夕、黑附子各30克。开水冲后灌服，每日1剂，连用3剂。

C. 恢复前胃功能，缓下方。黄芪、党参各60克，苍术50克，干姜、陈皮、白芍各40克，槟榔、枳壳、三仙各30克，乌药、香附、甘草各 20 克，研末开水冲，温灌服，每日 1 剂，连用 2 剂。

95. 胃肠炎的病因、症状是什么？如何防治？

【病因】由于牛吃了劣质的饲料，如霉烂的饲料、霜冻的块根饲料、有毒的饲料，以及长途运输和过度疲劳等，可导致疾病的发生。另外，胃肠性疝痛、前胃弛缓、创伤性网胃炎等，以及某些传染病和寄生虫病，如巴氏杆菌病、沙门氏菌病、钩端螺旋体病、牛副结核等可继发本病。

【症状】病牛呈急性消化不良，精神沉郁，食欲废绝，喜饮水，结膜暗红并黄染，口腔干臭，磨牙，舌苔黄白，齿龈有 2～3 毫米宽的蓝色瘀血带，皮温不整，角、耳和四肢发凉，常伴有轻微腹痛，体温升高到 40℃ 以上，少数病例体温不高。持续性腹泻是本病的主要特点，不断排出稀、软或水样腥臭粪便，有的呈高粱糠色，且混有血液及坏死的组织片状。尿少色黄，后期肛门失禁，不断努责，但无粪便排出。严重的腹泻可引起脱水及酸中毒，表现为眼球下陷，面部呆板，皮肤弹性丧失，极度衰竭，卧地不起，呈昏睡状态。

【防治】

(1) 治疗 首先让病牛安静休息，给清洁饮水，绝食 1～2 天。采用下列方法进行治疗。

①补充体液，强心解毒：若测试为缺盐性（即低渗透性）脱水，应以补充电解质溶液（等渗盐水和复方盐水）为主，非电解质溶液（葡萄糖液）为辅。生理盐水和复方盐水占 2 份，等渗盐水占 1 份，一次静脉注射。糖盐水兼有补液解毒和营养的作用，可输液 1 000～2 000 毫升，每次输液量为 3 000～6 000 毫升，每日 2 次。根据病牛的恢复情况，逐量减少输液量。补液时，应掌握时机，开始腹泻时就应补液，疗效显著。输液时，还必须加维生素 C，但不能与碱性药物相配伍。

酸中毒时，可静脉注射 5％碳酸氢钠 250～500 毫升；碱中毒时，可投服稀盐酸、食醋等。

②清理胃肠：适用于排粪迟滞或排出粥样恶臭粪便的情况，常用

缓泻加止酵的方法，如硫酸钠 250～400 克（孕牛忌用），加克辽林 15 毫升或鱼石脂 10～20 克，温水 3～5 升，胃管投服。孕牛可用石蜡油 1 000 毫升灌服。

③止泻：在体内积滞的粪便已排出，而腹泻不止时可进行止泻处理。

A. 胃管投服 0.1%～0.2%高锰酸钾液 3 000～6 000 毫升，每日 1～2 次。

B. 用活性炭末 250 克，温水 1 000～2 000 毫升，制成悬浮液灌服，活性炭第 2 次灌服时应减半，每日 2 次，连用 2 日。活性炭不可与抗菌药同时使用。

C. 鞣酸蛋白 10 克，次硝酸铋 10 克，碳酸氢钠 40 克，淀粉浆 1 000毫升，内服，每日 2 次。

④消炎抗菌

A. 口服磺胺脒，每次 30～50 克，加碳酸氢钠（不可与止泻的碳酸氢钠重复使用）40～60 克，常水适量，一次内服，每日 2 次，连用 2～3 日。

B. 肌内注射蒽诺沙星，每千克体重 2.5 毫克/次，也可加入 1 000毫升糖盐水静脉滴注，或与补充体液同时进行。

⑤中医疗法：使用白头翁 50 克，陈皮、秦皮各 30 克，黄柏、黄连各 15 克，研成末，开水冲，温水服用，每天 1 剂，连用 3 剂。

（2）预防　加强饲养管理，喂给优质饲料，合理调制饲料，不要突然更换饲料，要使用清洁的饮水，防止食用有毒物质。

96. 便秘的原因、症状是什么？如何防治？

【病因】饲喂大量的含粗纤维的饲料，如麦秸、稻草、豆秸、半干甘薯藤等；牛缺乏某种营养物质，使牛舔食被毛，形成毛球，致使肠管阻塞；牛偷食稻谷，使谷物沉积在肠内，引起肠管阻塞；寄生了某些肠道寄生虫，如莫尼茨绦虫、蛔虫；劳役后缺乏饮水、休息等也可以引起便秘。

【症状】病牛食欲减退，甚至废绝，反刍停止。两后肢交替踏地呈蹲伏姿势，后肢踢腹，拱背努责，鼻镜干燥，眼球下陷，口腔发黏、发臭，舌苔灰白或淡灰黄色。不排粪，但排出少量胶冻物，肛门紧缩，直肠空虚，肠黏液干。目光呆滞，卧地不起，头颈靠地，极度虚弱。

【防治】

(1) 治疗 以清肠消炎为主，辅以强心、补液、解毒和调整电解质、酸碱平衡。补液用生理盐水 3 000 毫升，5％氯化钙 300 毫升，5％的碳酸氢钠溶液 800～1 000 毫升，15％苯甲酸钠咖啡因 20 毫升或 5％安钠咖 20～30 毫升，一次静脉注射。同时灌服硫酸镁 1 000 克，加水 6 000～10 000 毫升。

也可用手从直肠将粪便掏出，或用温肥皂水灌肠。对于特别严重的，要进行手术。

中医治疗可用下列方法。

①如小便短少、色黄，口干舌燥，可用大黄 100～200 克，枳实、厚朴、木香、槟榔各 50 克，山楂、六曲各 200 克，芒硝 300 克，煎服。

②如四肢发冷，寒战，流涎时，可用肉桂、乌药、厚朴、陈皮、槟榔、苍术、草蔻、续随子、大黄各 50 克，木香 40 克，干姜、二丑各 45 克，煎服。

③对于年老体弱的牛，可用火麻仁 90 克，大黄 60 克，枳壳、厚朴、白芍、杏仁各 50 克，煎服。

(2) 预防 要合理搭配饲料，防止单纯饲喂高纤维饲料，要多喂青绿饲料。

97. 瓣胃秘积的原因、症状是什么？如何防治？

【病因】牛吃了坚硬的粗纤维饲料，特别是半干甘薯藤、花生藤、豆秸等，以及长期饲喂麸糠和大量的柔软而细碎的饲料（酒糟、粉渣等）或带有泥土的饲草，从而使这些东西积聚瓣胃，使瓣胃收缩力降低，引起瓣胃停滞，之后由于水分丧失，内容物干燥，导致瓣胃小叶压迫性坏死和胃肌麻痹，引起本病的发生。

【症状】病初牛食欲不振，反刍减少，空嚼磨牙，鼻镜干燥，口腔潮红，眼结膜充血。病重时，饮食废绝，鼻镜龟裂，结膜发绀，眼窝凹陷，呻吟，四肢乏力，全身肌肉震颤，卧地不起，排粪减少且呈胶冻状，恶臭，后变为顽固性便秘，粪干呈球状或扁硬块状，分层且外附白色黏液。嗳气减少，瘤胃蠕动音减弱，瘤胃内容物柔软，瓣胃里蠕动音减弱或消失。瓣胃触诊，病牛疼痛不安，抗拒触压。进行瓣胃穿刺，可感到瓣胃内容物硬固，不会流出瓣胃内液体。

【防治】分中西医疗法，治疗原则以增强瓣胃蠕动、促进瓣胃内容物软化和排出、恢复前胃机能为主。

（1）西药疗法

①轻症：可以内服泻剂和促进前胃蠕动的药物，如硫酸镁500～800克，加水6 000～8 000毫升，或液体石蜡1 000～2 000毫升。也可以用硫酸钠300～500克。番木鳖酊10～20毫升，大蒜酊60毫升，槟榔末30克，大黄末40克，水6 000～10 000毫升，一次内服。为了促进前胃蠕动，可用10%氯化钠300～500毫升，10%氯化钙100～200毫升，20%安钠咖液10～20毫升，一次静脉注射。

②重症：对瓣胃进行注射，将牛进行保定，术部剪毛消毒，用15～20厘米长的穿刺针，在右侧肩关节线第8～10肋间隙与皮肤垂直稍向前下方刺入9～13厘米。药物可用硫酸钠300克，甘油500毫升，水1 500～2 000毫升；也可以用硫酸镁400克，普鲁卡因2克，甘油200毫升，水3 000毫升。

（2）中医疗法

①初期：用增液承气汤加减，大黄、郁李仁、枳壳、生地、麦冬、石斛、玄参各25～30克，水煎去渣，加芒硝60～120克，猪油500克，蜂蜜120克，灌服。

②中期：用猪膏散加减，大黄60克，芒硝（后入）120克，当归、白术、二丑、大戟、滑石各30克，甘草10克，加猪油500克，冲服。口色燥红，胃火盛，加石膏、知母，若出现腹胀，则加枳实、厚朴，以消痞破滞。

③后期：用黄龙汤加减，党参、当归、生黄芪各30克，大黄60克，芒硝90克，二丑、枳实、槟榔各20克，榆白皮、麻仁、千金子各30克，桔梗25克，甘草10克，研末加蜂蜜125克，猪油120克，开水冲服。

98. 导致母牛卵巢机能减退的疾病有哪些? 病因是什么? 如何预防和治疗?

导致卵巢机能减退的疾病有:卵巢发育不全、卵巢静止、卵巢萎缩、卵巢硬化和持久黄体。它们是母牛不孕症的重要原因之一。

【病因】长期饲料不足或质量不高,特别是蛋白质、维生素 A 及维生素 E 的缺乏,过度使役,长期哺乳或慢性消耗性疾病,母牛过多消耗营养,胎衣不下,子宫内膜炎,子宫垂脱、积水和化脓,早期胚胎死亡等,都能引起卵巢机能减退。

【治疗】改善饲养管理,并配合药物治疗,常能取得较好的效果。

(1) 按摩卵巢 通过直肠对卵巢进行按摩,可增加卵巢的血液循环和代谢机能,故能促进卵巢机能的恢复,对持久黄体和卵巢静止尤为有效。

(2) 公畜催情 长期与公畜分开饲养的母牛,可将其与公畜同栏饲养或共同放牧,母牛可通过视觉、听觉、触觉、嗅觉或直接接受公畜的性刺激,经神经反射影响其内分泌,促进母牛发情,加速排卵。

(3) 激素治疗 卵泡刺激素(FSH)200~300 国际单位,肌内注射,每日 1 次,一般连续治疗 3 日见效。绒毛膜促性腺激素(HCG)3 000~5 000国际单位,静注或肌内注射,间隔1~2 天后重复注射。孕马血清(PMSG)30~40 毫升,每日或隔日注射 1 次,一般 2~11 天发情排卵。

【预防】加强饲养管理,给予正确而合理的日粮,特别注意供给足够的蛋白质、维生素和微量元素;改善管理,合理使役,防止过度劳役;哺乳期应添加精料,并适时断乳;搞好安全越冬工作,储备充足的青饲料以备冬末春初饲用,及时正确治疗母牛生殖器官疾病。

99. 如何防治肉牛子宫内膜炎?

子宫内膜炎主要是由于人工授精消毒不严格、精液污染、助产难产手术时消毒不彻底、子宫受损伤、产后护理不当等,使细菌侵入感染而发病。阴道炎、子宫颈炎、子宫弛缓、子宫脱出和胎衣不下等也可继发子宫内膜炎。

【症状】 牛子宫内膜炎常见的有卡他性和脓性 2 种。

（1）卡他性子宫内膜炎 卡他性较轻，为表层炎症。其特征是黏膜增厚并变松软，有的黏膜形成溃疡及糜烂，黏膜深下结缔组织增生。一般不表现全身症状。发情周期正常或遭到破坏，即使发情周期正常，但屡配不孕，或发生早期胚胎死亡。阴道内可能积有带絮状物的黏液，有时从阴门流出稍混浊的黏液，尤其是卧下时或发情时，这种分泌物流出更多。直肠检查时，有时病例无明显变化，有时可发现子宫角稍变粗，子宫壁增厚，弹性减弱，收缩反应微弱或消失。慢性卡他性子宫内膜炎可发展为子宫积液。

（2）脓性子宫内膜炎 患畜有轻度全身反应，精神不振，食欲减退，逐渐消瘦，有时体温略有升高。发情不正常，从阴门排出灰白色或红褐色稀薄分泌物，有时附着于尾根、后肢、臀端并形成结痂。直肠检查时感觉子宫角粗大、肥厚、较硬。脓性分泌物多时感有波动。卵巢上有黄体存在。

【治疗】 改善饲养管理，以提高母畜对疾病的抵抗力。治疗常采用冲洗子宫及注入药液的方法。冲洗的次数、间隔时间和所用冲洗液量，应根据炎症程度决定。一般每日或隔日 1 次，3～5 日为一个疗程。冲洗液温度 38～45℃，药液量 1 000～3 000 毫升，并尽量将冲洗液排尽，可结合按摩子宫。

临床上常用冲洗液如下：

（1）无刺激性溶液 1%盐水、1%～20%碳酸氢钠溶液等，适用于较轻的病例，水温 30～38℃。

（2）刺激性溶液 5%～10%盐水、1%～2%鱼石脂等，适用于各种早期子宫内膜炎，水温 30～38℃。

（3）消毒性溶液 0.5%来苏儿、0.1%雷佛奴耳、0.1%高锰酸钾、0.02%新洁尔灭等。适用于各类子宫内膜炎，温度30～38℃。

（4）收敛性溶液 1%明矾、1%～3%鞣酸等，适用于伴有子宫弛缓和黏膜出血时，温度 20～30℃。

（5）腐蚀性溶液 1%硫酸铜、1%碘溶液、3%尿素等，一般只用1～2次，冲洗时间要短。

结合向子宫注入药物，冲洗子宫后向子宫注入的药物有：抗生素，如青霉素160万～320万单位、链霉素100万单位，溶于20毫升生理盐水中注入子宫。

七、肉牛场的建设

100. 如何选择牛场场址？

牛场的场址是否合适，是办好牛场的关键之一。牛场场址的选择要有周密考虑，统筹安排和比较长远的规划。必须与农牧业发展规划、农田基本建设规划以及修建住宅等规划结合起来，必须适应于现代化养牛业的需要。

（1）位置合适 牛场的位置应选在离饲料生产基地和放牧地较近，交通、供电方便的地方。但不要靠近城镇、工矿企业、居民住宅区，以防止相互造成污染。也不要靠近水源地，以防止污染水源。选择场地时，必须防止因工业废气的扩散、工业废水的排放和工业废渣的堆置而污染牛场的空气、水、土壤及饲料、饲草，故牛场场址的选择应远离化工厂、农药厂、造纸厂、水泥厂等容易造成环境污染的企业。为防止病原微生物的传播，牛场场址还必须远离制革厂、屠宰场、肉品和畜产品加工厂，与其他畜牧场、居民点、铁路、公路等都要有一定的距离。按照农业部《动物防疫条件审查办法》中的有关规定，理想场点应距离生活饮用水源地、动物屠宰加工场所、动物和动物产品集贸市场 500 米以上，距离种畜禽场 1 000 米以上，距离动物诊疗场所 200 米以上，动物饲养场（养殖小区）之间距离不少于 500 米，距离动物隔离场所、无害化处理场所 3 000 米以上，距离城镇居民区、文化教育科研等人口集中区域及公路、铁路等主要交通干线 500 米以上。牛场场地要远离沼泽地区，因为沼泽地常常是寄生虫和蚊虻生存集聚的场所。

（2）地势高燥 牛场场址应选在地势高燥、背风向阳、空气流通、土质坚实、地下水位低、排水良好、具有缓坡的地方。场址地下水位应在 2 米以下。场地应不能被洪水淹没或有山洪危害。如果是坡地，则应选择向阳坡（向南或东南），坡度以不超过 3% 为宜。平原沼泽一带的低洼地，阴冷潮湿；丘陵山区的峡谷则光照不足，空气流通不畅，均不利于牛体健康和正常生产作业，缩短建筑物的使用年限。高山山顶虽然地势高燥，但风势大，气温变化剧烈，交通运输也不方便。因此这类地方都不宜选作牛场场址和修建牛舍。

(3) 地形开阔　牛场的场址，地形要开阔，不要过于狭长和边角太多。地形过于狭长，会影响场内建筑物的布局，拉长了作业线的距离，给生产管理和机械设备的使用均带来不便。边角太多，场界拉长，不利于防疫。此外，场地应充分利用自然地形地貌，如利用原有林带、树木、山岭、沟谷、河川等作为场界的天然屏障。

(4) 土壤无污染、土质合适　牛场场区的土壤应当是清洁未被污染的地段。同时应避免在有地方病的地区建场。人和家畜的地方病，多数是土壤中某些元素过多或缺乏而引起的，因此，在选择场地时，要了解当地是否有地方性氟病（氟骨症与氟斑牙）、地方性甲状腺肿、缺硒症或地方性硒中毒等。牧场场地的土质以砂壤土最为理想，这类土壤透气性、透水性好，毛细管作用弱，蒸发慢，导热性小。

(5) 有良好的水源　牛场场址和附近应有充足、水质良好的水源，以满足人畜饮用以及生产、清洁卫生用水的需要。一般情况下，100 头肉牛每天的需水量，包括饮水、清洗用具、洗刷牛舍、牛体等用水，需 10 吨左右。同时还应考虑取水方便，牛场污水不致污染水源，便于卫生防护。如利用地下水，需在建场之前先打井，并了解水质和水量情况；如利用地面水时，需了解水量和水源卫生状况。必要时进行水质分析，并合理选择取水位置。通常泉水的水质较好，而溪、河、湖、塘等地面水，则应尽可能经过净化处理后再用，并要保持水源周围的清洁卫生。如有可能，最好采用深层地下水。牛饮用水水质标准见表 7-1。

表 7-1　牛饮用水水质标准

类　别	项　目	标准值
感官性状及一般化学指标	色	色度不超过 30°
	浑浊度	不超过 20°
	臭和味	不得有异臭、异味
	肉眼可见物	不得含有
	总硬度（以 $CaCO_3$ 计）（毫克/升）	≤1 500
	pH	5.5～9
	溶解性总固体（毫克/升）	≤4 000
	氯化物（以 Cl^- 计）（毫克/升）	≤1 000
	硫酸盐（以 SO_4^{2-} 计）（毫克/升）	≤500
细菌学指标	总大肠菌群（个/100 毫升）	成年牛 10，犊牛 1
毒理学指标	氟化物（以 F^- 计）（毫克/升）	≤2.0
	氰化物（毫克/升）	≤0.2
	总砷（毫克/升）	≤0.2
	总汞（毫克/升）	≤0.01
	铅（毫克/升）	≤0.1
	铬（六价）（毫克/升）	≤0.1
	镉（毫克/升）	≤0.05
	硝酸盐（以 N 计）（毫克/升）	≤30

101.　如何规划与布局肉牛场场地？

　　肉牛场场区规划应本着因地制宜和有利于科学饲养管理的原则，合理布局，统筹安排。场地建筑物的配置应做到整齐紧凑，提高土地利用率，节约基本建设投资，有利于提高劳动效率和便于防疫灭病。

　　（1）肉牛场建设的项目　牛场生产规模是肉牛场设计的重要依据，根据饲草饲料资源、资金、架子牛来源及销售流通渠道等确定适宜的生产规模。牛场占地面积可依据肉牛场生产规模和场地的具体情况而定。生产区面积一般可按每头繁殖母牛 4 米² 或每头上市商品肉牛 3 米²计划,总占地面积按照生产区面积的 1.6 倍测算。依规模大小决定牛场建设所需的项目。存栏 100 头以下的小牛场,可以因陋就简,牛的圈舍可利用分散空余的棚屋,休息场可利用树荫等,以降低成本。存栏 100 头以上有一定规模的牛场,建设项目要求比较完善,包括:①牛的棚舍,分牛棚、牛舍 2 种形式。寒冷季节较长的地区要建四面有墙的牛舍,或三面有墙另一面用塑料膜覆盖,利用白天的阳光保温。较温暖地区多采用棚架式建筑。②休息场或圈,喂料后供牛休息用,主要用围栏建筑。③料库,拌料间。④贮草场。⑤水塔或泵房。⑥地磅房。⑦场区道路。⑧堆粪场。⑨绿化带。⑩办公及生活用房等。

(2) 肉牛场布局要点

①生产与生活区分开:生产区和生活区分开是建筑布局的基本原则。生产区主要指养牛设施及饲草料加工、存放设施,生产区要用围栏或围墙与外界隔离,大门口设立门卫传达室、消毒室、更衣室和车辆消毒池;生活区指办公室、食堂、厨房、宿舍等区域。

②风向与水的流向:依冬季和夏季的主风向分析,办公和生活区力求避开与饲养区在同一条线上,即生活区不在下风口,而应与饲养区错开,生活区还应在水流或排污沟的上游方向。生产区建于场内常年主导风向上风处;污染控制区内的兽医室、隔离检疫舍、粪污处理和病死肉牛处理等舍应位于肉牛场主导风向的下风处,并与其他生产区和生活区严格分开。

③牛棚舍方位:正常饲养的牛舍是主要建筑物,同时在场的边缘地带应有一定数量的观察牛舍,供新购入牛喂养观察、防疫、消毒、治疗之用。北方地区,牛棚纵轴通常为南北方向,气温较高地区可以东西向。三面墙的单列牛舍通常纵轴也为东西或偏东方向,背墙向北,以阻挡冬、春季的北风或西北风。

④安全:牛场的安全包括防疫、防火,建筑及布局要考虑这两方面的因素。例如,易引起火灾的堆草场,在布局上应位于养牛区的下风向,一旦发生火灾不会威胁牛棚;对于防疫问题,在建筑及布局上要有相应的安全防范措施。生产区、生活区和污染控制区各区域使用的工具不能共用,人员相对固定,顺风向的人流、物流不需要控制,

逆风向的流动应严格进行消毒。同时各区之间应采取隔开距离，或有宽的排水沟渠，或有高围墙等阻隔措施。

102. 肉牛场建筑的配置有哪些要求？

（1）设计原则 修建牛舍的目的是为了给牛创造适宜的生活环境，保障牛的健康和生产的正常运行。花较少的资金、饲料、能源和劳力，获得更多的畜产品和较高的经济效益。为此，设计肉牛舍应掌握以下原则。

①符合牛舍环境质量要求：一个适宜的环境可以充分发挥牛的生产潜力，提高饲料利用率。一般来说，家畜的生产力20%～30%取决于环境。不适宜的环境温度可以使牛的生产力下降10%～30%。如果没有适宜的环境，即使喂给全价饲料，饲料也不能最大限度地转化为畜产品，从而降低了饲料利用率。由此可见，修建牛舍时，必须符合牛对各种环境条件的要求。牛舍生态环境质量要求见表7-2；牛舍空气环境质量要求见表7-3。

表7-2　牛舍生态环境质量要求

温度（℃）	湿度（%）	风速（米/秒）	照度（勒克斯）	细菌（个/米^3）	噪声（分贝）	粪便含水率（%）	粪便清理
10～20	80	1.0	50	20 000	75	65～75	日清理

表7-3　牛舍空气环境质量要求

氨气（毫克/米^3）	硫化氢（毫克/米^3）	二氧化碳（毫克/米^3）	PM$_{10}$*（毫克/米^3）	TSP**（毫克/米^3）	恶臭（稀释倍数）
≤20	≤8	≤1 500	≤2	≤4	≤70

＊　PM$_{10}$为直径≤10微米的可吸入颗粒物；

＊＊　TSP为总悬浮颗粒物。

②符合生产工艺要求：肉牛生产工艺包括牛群的组成和周转方式，运送草料、饲喂、饮水、清粪等，也包括测量、称重、采精输精、防治、生产护理等技术措施。修建牛舍必须与本场生产工艺相结合。否则，必将给生产造成不便，甚至使生产无法进行。

③符合卫生防疫要求：流行性疫病对牛场会形成威胁，造成经济损失。通过修建规范牛舍，为牛创造适宜环境，将会防止或减少疫病发生。此外，修建牛舍时还应特别注意动物防疫条件要求，以利于兽医防疫制度的执行。要根据防疫要求合理进行场地规划和建筑物布局，确定牛舍的朝向和间距，设置消毒设施，合理安置污物处理设施等。

④做到经济合理：在满足以上 3 项要求的前提下，牛舍修建还应尽量降低工程造价和设备投资，以降低生产成本。因此，牛舍修建要尽量利用自然界的有利条件（如自然通风、自然光照等），尽量就地取材，采用当地建筑施工习惯，适当减少附属用房面积。

(2) 肉牛场建筑物的配置要求 肉牛场内各建筑物的配置要因地制宜，有利于生产，便于防疫、安全等，做到整齐、紧凑，土地利用率高和节约投资，经济实用。

①牛舍：我国地域辽阔，南北、东西气候相差悬殊。牛舍的建筑也要求不同，北方要求防寒，南方要求防暑，中部地区既要考虑冬季防寒，又要考虑夏季防暑，因此，牛舍的建筑形式也不一样。

牛舍的形式依据饲养规模和饲养方式而定。牛舍的建造应便于饲养管理，便于采光，便于夏季防暑，冬季防寒，便于防疫。修建多栋牛舍时，应采取长轴平行配置，当牛舍超过 4 栋时，可以 2 行并列配置，前后对齐，相距 10 米以上。

②饲料库：饲料库建造位置应选在离每栋牛舍的位置都较适中，而且位置稍高，既干燥通风，又利于成品料向各牛舍运输的地方。

③干草棚及草库：干草棚及草库尽可能地设在下风向地段，与周围房舍至少保持 50 米距离，单独建造，既防止散草影响牛舍环境美观，又要达到防火安全。

④青贮窖或青贮池：青贮窖或青贮池建筑选址原则同饲料库。位置适中，地势较高，防止粪尿等污水污染，同时要考虑进出料时运输方便，降低劳动强度。

⑤兽医室：隔离牛舍应设在牛场下风头，而且相对偏僻一角，便于隔离，减少空气和水的污染传播。

⑥办公室和职工宿舍：设在牛场之外地势较高的上风头，以防空气和水的污染及疫病传染。养牛场门口、办公室和职工宿舍应设消毒室或消毒池，并由专人看管。

（3）饲养工艺及设计参数

①生产模式："全进全出"模式是设计肉牛舍、安排栏位必须予以优先考虑和无条件满足的前提，"全进全出"模式可有效减少不同批次肉牛群间疫病传播的概率，有利于疫病的防控。中小规模肉牛场的生产区应尽量使母牛、保育、育肥三个区分幢生产；专门设立引进肉牛的隔离检疫区域，经过21天隔离检疫的肉牛，经过消毒方能进入生产区。

②肉牛饲养方式：包括拴系饲养和不拴系饲养。当前多采用拴系饲养，饲喂、刷拭、清粪等作业，都在牛舍内进行，舍外设运动场和饮水装置，供牛自由运动和饮水。这种牛舍的优点是，能个别饲养，分别对待，母牛发情容易观察，如有疾病或不正常现象，容易发现，及时处理或治疗，可以做到冬季防寒、夏季防暑。缺点是造价较高。

③分群管理：肉牛一般分为3个饲养阶段：第1阶段为6月龄以前的犊牛阶段；第2阶段为7～18月龄的育成阶段；第3阶段为18月龄以后的生产阶段（或育肥生产或繁殖生产）。各阶段分群分舍饲养。育成阶段和生产阶段还要考虑公母分群饲养管理。

④牛舍形式：按牛舍的使用要求和围护结构，可分为封闭式、半开放式和开放式棚舍等。按牛床在舍内的排列可分为单列和双列、对头和对尾式。单列式牛舍跨度小，结构简单，造价低，光照和通风好，适合小规模肉牛场；双列牛舍跨度大，保温效果好，投资较多，适合中规模肉牛场。20头以下一般采用单列式，20头以上宜采用双列或多列式。育肥牛舍可以采用双列开放式，1栋牛舍50～100头饲养规模。另外，根据牛舍饲养对象不同又可分为种公牛舍、繁殖牛舍、育成牛舍、分娩牛舍等。

⑤饲养密度：采用散放饲养方式，每头牛所需牛舍面积（包括舍内和舍外场地）见表7-4。

表 7-4　每头肉牛所需的面积

类　别	面积（米²）
繁殖母牛	4.65
犊牛（每栏数头）	1.86
断奶牛	2.79
1 岁牛	3.72
育肥牛（340 千克）	4.18
育肥牛（431 千克）	4.65
公牛（牛栏面积）	11.12
分娩母牛（分娩栏面积）	9.59～11.12
母牛（牛栏面积）	2.04

注：引自国外标准。

散放饲养的育肥牛，每圈宜养 10～20 头。

拴系饲养肉牛牛床占用面积，6 月龄以上育成母牛 1.4～1.5 米²/头，成年牛 2.1～2.3 米²/头。

⑥环境因素：牛的耐热性差，耐寒性强，在适宜的温度范围之外，其生产性能降低。防寒温度界限为 4℃，防热温度界限为 25℃。

(4) 牛舍建筑

①建舍要求：牛舍建筑要根据当地的气温变化和牛场生产用途等因素来确定。建牛舍要因陋就简、就地取材、经济实用，还要符合兽医卫生要求，做到科学合理。有条件的，可建质量好的经久耐用的牛舍。

牛舍内应干燥，冬暖夏凉，地面应保温、不透水、不打滑，且污水、粪尿易于排出舍外。舍内清洁卫生，空气新鲜。由于冬春季风向多偏西北，牛舍以坐北朝南或朝东南好。牛舍要有一定数量和大小的窗户，以保证太阳光线充足和空气流通。房顶有一定厚度，隔热保温性能好。舍内各种设施的安置应科学合理，以利于肉牛生长。

②基本结构

A. 地基与墙体：基深 80～100 厘米，砖墙厚 24 厘米，双坡式牛舍脊高 4.0～5.0 米，前后檐高 3.0～3.5 米。牛舍内墙的下部设墙围，防止水汽渗入墙体，提高墙的坚固性、保温性。

B. 门窗：门高 2.1～2.2 米，宽 2.0～2.5 米。门一般设成推拉双开门，也可设上下翻卷门或推向墙体一侧的单边门，所有门不设门槛和台阶。封闭式的窗应有一些，高 1.5 米，宽 1.5 米，窗台高距地面 1.2 米为宜。

C. 屋顶：肉牛舍最常用的是双坡式屋顶。这种形式的屋顶可适用于较大跨度的牛舍，可用于各种规模的各类牛群。这种屋顶既经济，保温性又好，而且容易施工修建。

D. 牛床和饲槽：肉牛场多为群饲通槽喂养。牛床一般要求长 1.6～1.8 米，宽 1.0～1.2 米。牛床坡度为 1.5%，牛槽端位置高。牛床建筑材料可以用水泥、砖或直接用土。水泥地面不能光滑；砖地是用砖立砌；土质牛床是把地面铲平，铺砂石之后，再铺一层三合土，夯实即可。小规模牛场以土质牛床为好。

饲槽设在牛床前面，以固定式水泥槽最实用，其上宽 0.6～0.8 米，底宽 0.35～0.40 米，呈弧形，槽内底高出牛床 0.2～0.3 米，槽内缘高 0.4 米（靠牛床一侧），外缘高 0.6 米（靠走道一侧）。为操作简便，节约劳力，应建高通道，高出牛床 0.3 米，低槽位的道槽合一式为好，便于机械化作业。即槽外缘和通道在一个水平面上。

E. 通道和粪尿沟：对头式饲养的双列牛舍，中间通道宽 1.4～1.8 米。通道宽度应以送料车能通过为宜。如果建道槽合一式，道宽 3 米为宜（含料槽宽）。粪尿沟宽应以常规铁锨正常推行宽度为宜，宽 0.25～0.3 米，深 0.15～0.3 米，倾斜度 1：（50～100）。

F. 运动场、饮水槽和围栏：运动场的长度应与牛舍长度一致对齐为宜，这样整齐美观，充分利用地皮。宽度应参照每头牛 10 米^2（育肥牛 5 米^2）设计而计算得出。运动场要有一定坡度，便于排水。运动场可采用一半水泥或砖地面，一半泥土地面，中间设隔离栏。土质地面在干燥时开放，下雨或潮湿时关闭。牛随时都要饮水，因此，除舍内饮水外，还必须在运动场边设饮水槽。槽长 3～4 米，上宽 70 厘米，槽底宽 40 厘米，槽高 40～70 厘米。每 25～40 头牛应有一个饮水槽。运动场周围要建造围栏，可以用钢管建造，也可用水泥桩柱加刺线建造，高 1.5～1.8 米，要求结实耐用。

(5) 牛舍建造

①封闭式牛舍：多采用拴系饲养。又分为单列式和双列式 2 种。

A. 单列式：只有一排牛床。这类牛舍跨度小，易于建造，通风良好，适宜于建成半开放式或开放式牛舍，这类牛舍适用于小型牛场。

B. 双列式：有两排牛床。一般以 100 头左右建一幢牛舍，分成左右 2 个单元，跨度 10～12 米，能满足自然通风的要求。尾对尾式中间为清粪道，两边各有一条饲料通道。头对头式中间为送料道，两边各有一条清粪通道。对于封闭式牛舍，这 2 种排列方式以尾对尾的排列方式应用较广。因牛头对窗，有利于呼吸新鲜空气，冬季易于照射阳光，减少疾病的传染，还可避免粪尿污染墙壁，保持墙壁清洁，比较卫生，但分发饲料时稍感不便。头对头式的优缺点正好与尾对尾式相反。

②半开放式牛舍：半开放式牛舍三面有墙，向阳一面敞开，有顶棚，在敞开一侧设有围栏。这类牛舍的开敞部分在冬季可以遮拦形成封闭状态。从而达到夏季利于通风，冬季能够保暖，使舍内小气候得到改善。这类牛舍相对封闭式牛舍来讲，造价低，节省劳动力。

③塑膜暖棚牛舍：塑膜暖棚牛舍属于半开放式牛舍的一种，是近年来北方寒冷地区推出的一种较保温的半开放式牛舍。就是冬季将半开放式或开放式肉牛舍用塑料薄膜封闭敞开部分，利用太阳能和牛体散发的热量，使舍温升高，同时塑料薄膜也避免了热量散失。

阳光是暖棚的主要热源，因此，设计建设暖棚时首先要解决好采光问题，特别冬季，阳光弱，气温低，应最大限度地使阳光透射到暖棚内部。

修筑塑膜暖棚牛舍要注意以下几个问题：

A. 选择合适的朝向：塑膜暖棚牛舍应采用坐北朝南，东西延长的方位。早晨严寒和大气污染严重、阳光透过率低的地区，以偏西为好，这样可以延长午后日照时间，有利于夜间保温。早晨不太严寒、大气透明度高的地区以偏东为宜，以便于早晨采光。偏东和偏西以 5°左右为宜，不宜超过 10°。

B. 选择合适的塑料薄膜：应选择对太阳光透过率较高，而对地面长波辐射透过率较低的聚乙烯等塑膜,其厚度以 80～100 微米为宜。

C. 合理的屋面角:屋面角是指暖棚屋面与地面的夹角。不同纬度的最佳采光屋面角不同,见表7-5。

表7-5　不同纬度的最佳采光屋面角(°)

北纬	32°	33°	34°	35°	36°	37°	38°	39°	40°	41°	42°	43°
最佳采光屋面角	22.3	23.2	24.1	25.1	25.6	26.8	27.7	28.5	29.4	30.3	31.9	32.0

D. 合理设置通风换气口:棚舍的排气口设在棚舍顶部的背风面,上设防风帽、排气口的面积以 20 厘米×20 厘米为宜。进气口设在暖棚舍内墙 1/2 处的下部,面积是排气口面积的一半,每隔 3 米远设置一个排气口。

④装配式牛舍:装配式牛舍以钢材为原料,工厂制作,现场装备,属敞开式牛舍。屋顶为镀锌板或太阳板,屋梁为角铁焊接;U形食槽和水槽为不锈钢制作,可随牛只的体高随意调节。

装配式牛舍室内与普通牛舍基本相同,其适用性、科学性主要体现在屋架、屋顶和墙体及可调节饲喂设备上。

屋架梁是由角钢预制,待柱墩建好后装上即可。架梁上边是由角钢与圆钢焊制的檩条。

屋顶自下往上是由 3 毫米厚的镀锌铁皮,4 厘米厚的聚苯乙烯泡沫板和 5 毫米厚的镀锌铁皮瓦构成,屋顶材料由螺丝贯串固定在檩条上,屋脊上设有可调节的风帽。

墙体四周 60 厘米以下为砖混结构(围栏散养牛舍可不建墙体)。每根梁柱下面有一钢筋水泥柱墩,其他部分为水泥沙浆面。墙体 60 厘米以上部分分为 3 种结构:屋顶两端的月牙部分及饲养员宿舍、草料间两边墙体为"泰克墙",它的基本骨架是由角钢焊制,角钢中间用 4 厘米厚泡沫板填充,骨架外面扣有金属彩板,骨架里面固定一层钢网,网上水泥沙浆抹面;饲养员宿舍、草料间与牛舍隔墙为普通砖墙,外墙水泥沙浆;牛舍前后两面 60 厘米以上墙体部分安装活动卷帘。卷帘分内外 2 层,外层为双帘子布中间夹腈纶棉制作的棉帘,里边一层为单层帘子布制作的单帘,两层卷帘中间安装有钢网,双层卷帘外有防风绳固定。

装配式牛舍系先进技术设计，适用、耐用和美观，且制作简单，省时，造价适中。

A. 适用性强：保温，隔热，通风效果好。牛舍前后两面墙体由活动卷帘代替，夏季可将卷帘拉起，使封闭式牛舍变成棚式牛舍，自然通风效果好。屋顶部安装有可调节风帽。冬季卷帘放下时通风调节帽内蝶形叶片使舍内氨气排出，达到通风换气效果。

B. 耐用：牛舍屋架、屋顶及墙体根据力学原理精心设计，选用彩钢板制作，既轻便又耐用，一般使用寿命在 20 年以上（卷帘除外）。

C. 美观：牛舍外墙采用金属彩板（蓝色）扣制，外观整洁大方，十分漂亮。

D. 造价适中：按建筑面积计算，每平方米造价为砖混结构、木质结构牛舍的 80% 左右。

E. 建造快：其结构简单，工厂化预制，现场安装。因此省时，一栋标准牛舍一般在 15~20 天即可造成。

103. 肉牛场应该有哪些专用设备？

（1）用于保定的设备

①保定架：保定架是牛场不可缺少的设备，用于打针、灌药、编耳号及治疗时使用。通常用圆钢材料制成，架的主体高 160 厘米，前颈枷支柱高 200 厘米，立柱部分埋入地下约 40 厘米，架长 150 厘米，宽 65~70 厘米。

②鼻环：我国农村为便于抓牛，尤其是未去势的公牛，有必要带鼻环。鼻环有 2 种类型：一种为不锈钢材料制成，质量好又耐用，但价格较贵；另一种为铁或铜质材料制成，质地较粗糙，材料直径 4 毫米左右，价格较便宜。农村用铁丝自制的圈，易生锈，不结实，往往将牛鼻拉破引起感染。

③缰绳：采用围栏散养的方式可不用缰绳，但在拴系饲养条件下是不可缺少的。缰绳通常系在鼻环上以便于牵牛。缰绳材料有麻绳、

尼龙绳、棕绳及用破布条搓制而成的布绳，每根长 1.5～1.7 米，粗（直径）0.9～1.5 厘米。

④牛鼻钳：牛鼻钳又叫牛鼻夹子，是一种牛头部保定器，牛鼻钳的左、右钳体前端的左、右钳嘴为球状体，后端的左、右钳柄之间设锁紧装置。只需将鼻钳装在牛鼻中隔的两侧就能转移牛的注意力，以便给牛进行静脉注射。通常取拇指粗 1.5 米长小绳一根，在绳子的一头打一个活节扣，固定在钳子的颈部，以不影响钳子的开张为宜。然后用钳子夹紧牛鼻子的同时，拉紧小绳，再打一活节扣，将活节扣固定在钳子两个把柄的尾端部，拉紧绳子，把绳子系在桩上即可将牛的头部保定。

⑤无血去势钳：无血去势钳是一种兽医手术器械，用于雄性家畜的去势（又称阉割）手术。通常由不锈钢等金属材料构成，类似于一把大钳子。其构造一般包括把手（用于手术时加力）、二级杠杆机构（用于将手术者的力量放大后传递到刃口部分）和钳子部分（包括一个较大的环状部分，用于容纳动物的阴囊）以及钳子末端的刃口部分。该器械通过隔着家畜的阴囊用力夹断精索的方法达到手术目的，不需要在家畜的阴囊上切口，故称"无血去势"。是一种较为先进的兽医学器械。使用无血去势钳进行公牛的阉割手术，操作简便，可快速掌握使用技巧；安全性好，因手术中无需切开牛的阴囊，降低了伤口感染的风险，避免了外科手术后破伤风感染导致牛死亡的危险；术后护理简单，术后无需特别的护理，可避免并发症发生。

（2）保健及其他设备

①吸铁器：由于牛的采食行为是大口吞咽，草中混杂有细铁丝、铁钉等杂物时容易误食，一旦吞入，无法排出，积累在瘤胃内对牛的健康造成伤害。吸铁器分为 2 种：一种用于体外，即在草料传送带上安装磁力吸铁装置，清除草料中混杂的细小铁器。另一种用于体内，称为磁棒吸铁器。该设备由磁铁短棒、细尼龙绳、开口器、推进杆及学生用指南针组成。使用时将磁铁短棒放入病牛口腔近咽喉部，灌水促使牛吞咽瘤胃，随着瘤胃的蠕动，经过一定的时间，慢慢取出，瘤胃内混杂的细小铁器吸附在磁力棒上一并带出。经诊断怀疑腹内有异物的牛均可利用此设备治疗。

②耳号牌：是肉牛科学管理中必不可少的，除挂在耳壳上的号牌以外，也有挂在脖子上或笼头上的木牌、小铝牌，都有同样的作用，各地可就地取材。工厂生产的牛耳号牌是近代科学技术的成果，用特殊塑料材料制成，配合有专用油笔、专用耳号钳，将耳号牌与垫片牢固地连接在耳壳上。塑料材料与油笔中的油墨能耐受阳光照射和风雨侵蚀，不变脆、不褪色、不脱落。

104. 如何布局牛舍排水设施与粪尿池？

牛每天排出的粪尿数量很大，为体重的7%～9%，合理地设置牛舍排水系统，保证及时清除这些污物与污水，是防止舍内潮湿和保持良好的空气卫生状况的重要措施。同时，为了保证牛场地面干燥，还必须专设场内排水系统，以便及时排除雨雪水及牛场污水。

(1) 机械清粪法　采用机械清粪时，为使粪与尿液及生产污水分离，通常在畜舍中设置污水排出系统，液形物经排水系统流入粪水池贮存，而固形物则借助人或机械直接用运载工具运至堆放场。这种排水系统一般由排尿沟、降口、地下排出管及粪水池组成。为便于尿水顺利流走，牛舍的地面应稍向排尿沟倾斜。

粪尿池设在牛舍外、地势低洼处，且应在运动场相反的一侧，距牛舍外墙不小于5米，一般用砖、沙、水泥砌成。池的容积以能储存20～30天的粪尿为宜。通常以20～30米³为宜。粪尿池必须离开饮水井100米以外。

自牛舍排尿沟至粪尿池之间设地下排水管，排尿沟流下来的尿及污水，经由地下排水管流入粪尿池。在排尿沟与地下排水管的衔接部分设水漏，或称降口，安放铁算子，以防粪草落入，堵塞地下排水管。在降口下部，地下排水管以下，应形成一个深入地下延伸部，谓之沉淀井，用以沉淀粪水中的固体物，防止管道堵塞。在降口处可设水封，以防止粪水池中的臭气经由地下排水管进入舍内。沉淀井中的杂质应定期清除。地下排水管向粪尿池方向应有2%～3%的坡度。如果地下排水管自牛舍外墙至粪尿池的距离超过5米以上时，应在墙外修一检查井，以便在管道堵塞时疏通。但在寒冷地区，要注意检查

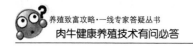
井的保温。

（2）水冲清粪法 这种方法多在不使用垫草，采用漏缝地面时应用。其优点是省工省时、效率高。缺点是漏缝地面下不便消毒，有利于疾病在舍内的传播。同时，土建工程复杂，投资大，耗水多，粪水贮存、管理、处理工艺复杂，粪水的处理、利用困难，易于造成环境污染。此外，采用漏缝地面水冲清粪方法易导致舍内空气湿度升高、地面卫生状况恶化，有时出现恶臭、冷风倒灌现象，甚至造成各舍之间空气串通。

所谓漏缝地面就是在地面上留出很多缝隙，粪尿落到地面上，液体物从缝隙流入地面下的粪沟，固形的粪便被家畜踩入沟内，少量残粪用人工略加冲洗清理。漏缝地面可用各种材料制成，有木制、混凝土制、金属制等。木制漏缝板不卫生、易破损、使用年限短；金属制的漏缝地板易腐蚀、生锈；混凝土制的经久耐用，便于清洗消毒，比较合适。也有用塑料漏缝地板，比金属制的漏缝地板抗腐蚀，且易清洗。

粪沟位于漏缝地板下方，宽度从 0.8～2 米不等，视漏缝地板的宽度而定，深度为 0.7～0.8 米，倾向粪水池的坡度为 0.5%～1%。

粪水池（或罐）分地下式、半地下式及地上式三种形式。不管哪种形式都必须防止渗漏，以免污染地下水源。实行水冲清粪必须用污水泵，同时还需用专用槽车运载。

也可采用水泥盖板侧缝形式，即在地下粪沟上盖以混凝土预制平板，平板稍高于粪沟边缘的地面，因而与粪沟边缘形成侧缝。家畜排的粪便，用水冲入粪沟。这种形式造价较低，不易伤害牛的蹄部。

水冲清粪耗水量多、粪水贮存量大、处理困难，特别是一旦有传染病或寄生虫病发生，如此大量的粪水无害化处理是一个难题。生产中为节约用水可采取循环用水方法。不过循环用水可能导致疫病的交叉感染。

场内排水系统，多设置在各种道路两旁及运动场的周围。一般采用斜坡式排水沟，以尽量减少污物积存及被人畜破坏。排水沟用砖、沙、水泥砌成，为方形明沟，沟深不应超过 30 厘米，沟底应有 1%～2% 的坡度，上口宽 30～60 厘米。

105. 如何绿化肉牛场？

绿化可以调节场区小气候、净化空气、美化环境，还可以起到防疫隔离和防火等作用。对肉牛场的绿化应进行统一规划和布局，并根据当地自然条件，因地制宜进行设计。

(1) 场区林带的规划 在场界周边种植乔木和灌木混合林带，并栽种刺笆。乔木类的大叶杨、旱柳、钻天杨、榆树及常绿针叶树等；灌木类的河柳、紫穗槐、侧柏等；刺笆可选陈刺等，起到防风阻沙安全等作用。

(2) 场区隔离带的设置 主要以分隔场内各区，如生产区、住宅区及管理区的四周，都应设置隔离林带，一般可用杨树等，其两侧种灌木，以起到隔离的作用。

(3) 道路绿化 宜采用塔柏、冬青等四季常青树种，进行绿化，并配置小叶女贞或黄洋成绿化带。

(4) 运动场遮阳林 在运动场的南、东、西三侧，应设1～2行遮阳林。一般可选择枝叶开阔，生长势强，冬季落叶后枝条较少的树种，如杨树、槐树、法国梧桐等。

106. 肉牛场需要做好哪些关键管理记录？

完善并准确的记录，对核算1个牛场的盈亏有着直接的影响。没有准确的配种和预产期记录，就不能制定有效的繁殖措施。同样，没有每头母牛生产性能记录，就无法进行淘汰处理，遗传选择更无从考虑。记录是决定工作日程以及制定长远计划等工作的依据，也是对管理工作的估价。坚持做好记录，记录必须及时、准确和完善，这样的资料价值才最大。要合理地组织记录工作，以便大部分常规工作都能按预定计划进行，每月或每两个月检查1次。主管畜群的负责人，应该承担起组织记录的任务。兽医必须熟悉各项记录，并且将治疗或检查的原始资料填在常用的表格上。同样，配种员要将配种情况登记在记录本上。

（1）谱系记录 犊牛一出生就开始记录，终生保存。内容包括：牛号、性别、初生重、出生日期、父本号、母本号。在谱系卡上还有明晰的毛色标记图和简单的体尺，如体高、体长、胸围、管围，各月龄体重以及父本和母本的综合评定等级，在卡片的背后记录该母牛各胎产犊和胎次的总结性信息。

（2）生产记录 肉用牛的增重记录非常重要。一般增重和体尺记录，是出生后按月称重，测量体尺，依序记录。另一种生产记录是测定肥育开始和结束时的体重和体尺，之后计算日增重。

各式生产记录表应该根据本场生产需要，拟定记录项目，编制适用表格。

（3）繁殖记录 坚持记录每头牛的许多必需的项目，可以通过记录追踪，注意某牛繁殖周期及其变化情况。记录内容包括：干奶时间、产犊日期、预计发情日期、计划配种日期、配种30天以上准备妊娠检查的日期、妊娠检查结果等。为了提高繁殖率，记录要逐日进行。

在繁殖方面还需要记录以下内容，以统计全场的繁殖水平和安排对策：①配种的总头数、经过诊断确定妊娠的头数和空怀的头数。②每头牛最后1次配种的日期及预产期。③产犊后60天左右注意母牛发情配种，配种后30天进行妊娠检查，所有牛号、日期、结果要记录。④要记录每头牛从产犊到妊娠的空怀天数，空怀天数超过100天的，就是不正常的牛，需要密切注意或采取措施。⑤每头牛的初产年龄、每胎次妊娠天数。⑥全场平均空怀天数。⑦每次妊娠的实际配种次数。⑧泌乳牛离群的各种原因所占的百分率，包括低产淘汰的、因病不能继续繁殖而淘汰的、出售但泌乳正常的、疾病或损伤的、死亡等几类。

107. 肉牛场需要制定哪些管理制度？

（1）管理制度 肉牛场应根据实际，制定人员管理制度、饲养制度、兽药和饲料采购保管使用制度、动物防疫检疫制度、卫生消毒制度、病死牛及废弃物处理制度、生产记录制度等，还应建立健全全员的岗位职责等，使饲养管理工作制度化、规范化、程序化，确保各项技术规程的落实。

(2) 人员管理

①场内饲养员定期进行健康检查，取得健康合格证后方可上岗工作，场管理部门应建立职工健康档案。患有下列疾病之一者不得从事饲草、饲料收购、加工、饲养工作：痢疾、伤寒、弯杆菌病、病毒性肝炎、消化道传染病（包括病原携带者）、活动性肺结核、布鲁氏菌病、化脓性或渗出性皮肤病、其他有碍食品卫生和人兽共患的疾病。

②饲养人员的工作帽、工作服、工作鞋应经常清洗、消毒；对更衣室、淋浴室、休息室等公共场所要经常清扫、清洗、消毒；饲养人员工作时必须穿戴工作服、工作帽和工作鞋。

③场内兽医不应对外出诊，输精员不应对外开展配种工作。

④场内工作人员不应携带非本场的动物性食品入场。

⑤非生产人员应尽量"谢绝参观"。特殊情况下，非生产人员穿戴防护服方可入场参观。

(3) 饲喂管理

①按饲养规范饲喂，做到不堆槽、不空槽、不喂发霉变质和冰冻的饲料和饲草。

②保证足够新鲜、清洁的饮水，水质应符合《畜禽饮用水水质》、《无公害食品畜禽饮用水水质》的规定，定期清洗消毒饮水设备。

③按体重、性别、年龄、强弱分群饲养。

④在添加饲料和饲草时，应保证饲槽的清洁卫生，并注意捡出饲料中的异物等。

⑤定期对各种饲料和饲草原料进行采样化验，确保饲料和饲草安全卫生、无污染。

⑥每天打扫牛舍，保持料槽、水槽用具干净，地面清洁。

⑦饲养员每天应细致观察饲料有无变质，注意观察牛采食和健康状况，排粪有无异常。发现不正常现象，及时报告兽医，对疑似发病或受伤牛应立即治疗。

⑧对成年公牛、母牛定期浴蹄和修蹄。

⑨在肉牛运动场设食盐、矿物质（如矿物质舔砖等）补饲槽和饮

水槽。

（4）灭鼠、灭蚊蝇、防鸟

①使用器具、药物灭鼠，及时收集死鼠和残余鼠药，并作无害化处理。

②搞好牛舍内外环境卫生，消除水坑等蚊蝇滋生地，并定期喷洒消毒药物，消灭蚊蝇。

（5）资料记录　肉牛饲养全过程的真实记录，是坚持饲喂标准和改进生产性能的重要依据。个体记录应长期保存，以利于育种工作的进行。要认真做好日常生产记录，记录内容包括引种、配种、产犊、哺乳、断奶、转群、饲料消耗、饲料来源、配方、各种添加剂使用情况等。种牛要有来源、特征、主要生产性能记录。兽医应做好免疫、用药、发病（发病率、死亡率及发病死亡原因、无害化处理情况）和治疗情况记录。每批出场的牛应该有出场编号、销售地记录，以备查询。资料应尽可能长期保存，最少保留 2 年。

108.　肉牛场需要制定哪些生产计划？

肉牛场应编制年度生产计划，主要包括繁殖配种计划、牛群周转计划、产肉计划、饲料计划等。

（1）繁殖配种计划　肉牛繁殖计划是按预期要求，使母牛适时配种、分娩的一项措施，又是编制牛群周转计划的重要依据。编制配种分娩计划，不能单从自然生产规律出发，配种多少就分娩多少，而是在全面研究牛群生产规律和经济要求的基础上，搞好选种选配，根据开始繁殖年龄、妊娠期、产犊间隔、生产方向、生产任务、饲料供应、畜舍设备、饲养管理水平等条件，确定牛只的大批配种分娩时间和头数，编制配种分娩计划。母牛的繁殖特点为全年分散交配和分娩，季节性特点不明显。所谓的按计划控制产犊，就是先确定分娩期再确定配种期，把母牛分娩的时间放到最适宜产肉季节，有利于提高产肉量。例如，我国南方地区通常控制 6～8 月份母牛产犊分娩率不超过 5％，即控制 9～11 月份的配种头数，其目的就是使母牛产犊避开炎热季节。

肉牛的配种分娩计划可按表 7-6 和表 7-7 编制。

表 7-6　牛配种计划

牛号	胎次	最近产犊日期	发情配种	已配次数	妊检日期	妊检员	预产期

注：一般要求母牛产后 60～80 天受孕；育成牛到 16 月龄左右（体重 350 千克以上）开始配种。

表 7-7　全群各月份繁殖计划

月别	1	2	3	4	5	6	7	8	9	10	11	12	合计
配种头数													
分娩头数													

（2）牛群周转计划　是反映牛群再生产的计划，是肉牛自然再生产和经济再生产的统一。牛群在一年内，由于出生、成长、购入、出售、淘汰、死亡等原因，经常发生数量上的增减变化。为了掌握牛群的变动趋势，有计划地进行生产，牛场应在编制繁殖计划的基础上编制周转计划。这样有助于落实生产任务，保证牛群再生产的实现，并为编制饲料、用工、投资、产量等计划以及确定年终的牛群结构提供依据。编制牛群周转计划的方法如下。

①根据年实际牛群结构，计划期内的生产任务和牛群扩大再生产要求，确定计划年末牛群结构。

②根据牛群繁殖计划，确定各月份母牛分娩头数及产犊数。

③根据成年母牛使用年限、体质情况和生产性能，确定淘汰牛头数和淘汰日期。

④当牛群稳定在一定规模，且提高头数比较少时，就有相当一部分犊牛或育成牛被出售。在编制周转计划时，就应考虑到这一点。根据繁殖计划及牛群中的犊牛和育成牛数量，先留足牛场更新用的牛只，再确定出售部分的数量和出售时间。

⑤牛群结构及年周转计划必须考虑肉牛场的性质。在一般情况

下，以育种为目的的肉牛场，成年母牛在牛群中的比例不宜大于50%；以泌乳为目的的肉牛场，则成年母牛在牛群中占的比例可达60%或更高。过高或过低均会影响肉牛场的经济效益。但发展中的牛场，成年肉牛与后备牛的比例暂时失调也是可以的。

牛场牛群周转计划可按表7-8编制。

表7-8　牛群年周转计划

牛群种类	上年度末在群牛头数	增加（头数）			减少（头数）					本年年终在群牛头数	年平均年头数
		出生	调入	购入	转入	调出	转出	淘汰	出售	其他	
成母牛											
青年母牛											
犊母牛											
犊公牛											
合计											

（3）牛场的饲料计划

①确定平均饲养头数：根据牛群周转计划，按下式确定平均饲养头数。

$$年平均饲养头数（成母牛、青年牛、犊牛）＝全年饲养总头数÷365$$

②各种饲料需要量：可参照表7-9大概计算出全年各种饲料的需要量，实践中也可根据饲草条件适当调整饲喂量。

表7-9　牛的年饲料需要量计算方法

饲料类型	牛群类型	计算方法
精料补充料（kg）	成母牛	基础料量＝年平均饲养头数×2×365
	青年牛	基础料量＝年平均饲养头数×3×365
	犊牛	基础料量＝年平均饲养头数×1.5×365
玉米青贮（kg）	成母牛	基础料量＝年平均饲养头数×25×365
	青年牛	基础料量＝年平均饲养头数×15×365
干草（kg）	成母牛	基础料量＝年平均饲养头数×6×365
	青年牛	基础料量＝年平均饲养头数×4×365
	犊牛	基础料量＝年平均饲养头数×2×365
甜菜渣（kg）	成母牛	基础料量＝年平均饲养头数×20×180
矿物料	各种牛	一般按混合精料量的3%～5%供应

八、兽药残留

109. 什么是兽药残留？兽药残留的危害主要有哪些？

(1) 兽药残留 是指食品动物用药后，动物产品的任何食用部分中与所有药物有关的物质的残留，包括原型药物或（和）其代谢产物。

(2) 兽药残留的危害

①毒性作用 人长期摄入含兽药残留的动物性食品后可造成药物蓄积。当达到一定浓度后，就会对人体产生毒性作用，如1998年发生在香港的盐酸克伦特罗（瘦肉精）中毒事件，因内地销往香港和深圳特区的商品猪肉中含有盐酸克伦特罗的残留而导致数十人发生心脑疾病。

②过敏反应 牛奶类食品中的青霉素类、四环素类和某些氨基糖苷类抗生素等残留会引起易感人体产生过敏反应（青霉素类残留还会引起变态反应），轻者出现皮肤瘙痒和荨麻疹，重者引起急性血管性水肿和休克，甚至死亡。

③"三致"作用 即为致癌、致畸、致突变作用。由于一些药物会损害组织细胞、诱发基因突变并且具有致癌活性，因而兽药残留的"三致"作用更应该引起我们的重视。如磺胺二甲嘧啶能诱发人的甲状腺癌；氯霉素能引起人骨髓造血机能损伤；磺胺类药物能破坏人的造血系统；牛奶中如果含有青霉素或磺胺类药物，可使人发生不同程度的过敏反应；苯丙咪唑类抗蠕虫类药物的残留对人体最大的潜在危害是致畸和致突变作用；激素类物质进入人体，会明显影响人体的激素平衡，从而诱发疾病等，如甾体激素能引起幼女早熟、男孩女性化及妇女子宫癌等。近些年来，我国癌症发病率增高、各种疑难病症不

断发生，很难说和我国养殖业中抗菌药物和生长激素的滥用现象没有关系。

④导致病原菌产生耐药性　经常食用低剂量药物残留的食品可使细菌产生耐药性。动物在经常反复摄入某一种抗菌药物后体内将有一部分敏感菌株逐渐产生耐药性，成为耐药菌株，这些耐药菌株可通过动物性食品进入人体，当人患有这些耐药菌株引起的感染性疾病时，就会给临床治疗带来困难，甚至延误正常的治疗过程。

⑤对胃肠道菌群的影响　正常机体内寄生着大量菌群，如果长期与动物性食品中低剂量的抗菌药物残留接触，就会抑制或杀灭敏感菌，而耐药菌或条件性致病菌大量繁殖使人体内微生态平衡遭到破坏，机体易发生感染性疾病。

⑥对生态环境质量的影响　动物用药后，一些性质稳定的药物及其代谢产物随粪便、尿被排泄到环境中后仍能稳定存在，并被环境中和生物富集，从而造成环境中的药物残留。高铜、高锌等添加剂的应用，有机砷的大量使用，可造成土壤和水源的污染。

此外，药物残留还影响动物性食品的进出口贸易。许多国家把畜产品药物残留列为国际贸易中的技术壁垒措施之一，如果我国在残留监控方面做得不好的话，势必在动物性产品的国际竞争中处于劣势。

110. 什么叫休药期？为什么要执行休药期？

休药期也叫消除期，是指动物从停止给药到许可屠宰或它们的乳、蛋等产品许可上市的间隔时间。休药期是依据药物在动物体内的消除规律确定的，就是按最大剂量、最长用药周期给药，停药后在不同的时间点屠宰，采集各个组织进行残留量的检测，直至在最后那个时间点采集的所有组织中均检测不出药物为止。

休药期随动物种属、药物种类、制剂形式、用药剂量、给药途径及组织中的分布情况等不同而有差异。经过休药期，暂时残留在动物体内的药物被分解至完全消失或对人体无害的浓度。不遵守休药期规定，造成药物在动物体内大量蓄积，产品中的残留药物超标，或出现不应有的残留药物，会对人体健康造成危害，所以养殖企业必须严格遵守休药期的规定。

休药期由权威部门根据药物代谢研究、动物组织器官残留试验，结合不同的动物种类、药物种类、用药剂量及给药途径而制定，一般为几小时、几天到几周。中华人民共和国农业部第 278 号公告中为加强兽药使用管理，保证动物性产品质量安全，根据《兽药管理条例》规定，农业部组织制订了兽药国家标准和专业标准中部分品种的停药期规定，确定了部分不需制订停药期规定的品种。

表 8-1　牛停药期规定

	兽药名称	执行标准	停药期
1	乙酰甲喹片	兽药国家标准（农业部公告 1960 号）	牛、猪 35 日
2	二氢吡啶	兽药国家标准（农业部公告 1960 号）	牛、肉鸡 7 日，弃奶期 7 日
3	三氯苯达唑片	兽药典 2015 版	牛、羊 56 日
4	三氯苯达唑颗粒	兽药典 2015 版	牛、羊 56 日
5	土霉素片	兽药典 2015 版	牛、羊、猪 7 日，禽 5 日，弃蛋期 2 日，弃奶期 72 小时
6	土霉素注射液	兽药国家标准（农业部公告 1960 号）	牛、羊、猪 28 日，弃奶期 7 日
7	双甲脒溶液	兽药典 2015 版	牛、羊 21 日，猪 8 日，弃奶期 48 小时
8	水杨酸钠注射液	兽药国家标准（农业部公告 1960 号）	牛 0 日，弃奶期 48 小时
9	四环素片	兽药国家标准（农业部公告 1960 号）	牛 12 日、猪 10 日、鸡 4 日，产蛋期禁用，产奶期禁用
10	甲砜霉素片	兽药典 2015 版	28 日，弃奶期 7 日
11	甲砜霉素粉	兽药典 2015 版	28 日，弃奶期 7 日，鱼 500 度日
12	甲基前列腺素 F_{2a} 注射液	兽药国家标准（农业部公告 1960 号）	牛 1 日，猪 1 日，羊 1 日
13	甲硝唑片	兽药国家标准（农业部公告 1960 号）	牛 28 日

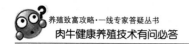

（续）

	兽药名称	执行标准	停药期
14	伊维菌素注射液	兽药典 2015 版	牛、羊 35 日，猪 28 日
15	地西泮注射液	兽药典 2015 版	28 日
16	地塞米松磷酸钠注射液	兽药典 2015 版	牛、羊、猪 21 日，弃奶期 3 日
17	安乃近片	兽药典 2015 版	牛、羊、猪 28 日，弃奶期 7 日
18	安乃近注射液	兽药典 2015 版	牛、羊、猪 28 日，弃奶期 7 日
19	安钠咖注射液	兽药典 2015 版	牛、羊、猪 28 日，弃奶期 7 日
20	安痛定注射液	兽药典 2015 版	牛、羊、猪 28 日，弃奶期 7 日
21	吡喹酮片	兽药典 2015 版	28 日，弃奶期 7 日
22	芬苯哒唑片	兽药典 2015 版	牛、羊 21 日，猪 3 日，弃奶期 7 日
23	芬苯哒唑粉（苯硫苯咪唑粉剂）	兽药典 2015 版	牛、羊 14 日，猪 3 日，弃奶期 5 日
24	苄星邻氯青霉素注射液	兽药国家标准（农业部公告 1960 号）	牛 28 日，产犊后 4 天禁用，泌乳期禁用
25	阿苯达唑片	兽药典 2015 版	牛 14 日，羊 4 日，猪 7 日，禽 4 日，弃奶期 60 小时
26	阿维菌素透皮溶液	兽药国家标准（农业部公告 1960 号）	牛、猪 42 日，泌乳期禁用
27	乳酸环丙沙星注射液	兽药国家标准（农业部公告 1960 号）	牛 14 日，猪 10 日，禽 28 日，弃奶期 84 小时
28	注射用三氮脒	兽药典 2015 版	牛、羊 28 日，弃奶期 7 日
29	注射用苄星青霉素（注射用苄星青霉素 G）	兽药典 2015 版	牛、羊 4 日，猪 5 日，弃奶期 3 日
30	注射用乳糖酸红霉素	兽药典 2015 版	牛 14 日，羊 3 日，猪 7 日，弃奶期 72 小时
31	注射用苯巴比妥钠	兽药典 2015 版	28 日，弃奶期 7 日

（续）

	兽药名称	执行标准	停药期
32	注射用苯唑西林钠	兽药典 2015 版	牛、羊 14 日，猪 5 日，弃奶期 72 小时
33	注射用青霉素钠	兽药典 2015 版	0 日，弃奶期 72 小时
34	注射用青霉素钾	兽药典 2015 版	0 日，弃奶期 72 小时
35	注射用普鲁卡因青霉素	兽药典 2015 版	牛、羊 4 日，猪 5 日，弃奶期 72 小时
36	注射用氨苄西林钠	兽药典 2015 版	牛 6 日，猪 15 日，弃奶期 48 小时
37	注射用盐酸土霉素	兽药典 2015 版	牛、羊、猪 8 日，弃奶期 48 小时
38	注射用盐酸四环素	兽药典 2015 版	牛、羊、猪 8 日，弃奶期 48 小时
39	注射用喹嘧胺	兽药典 2015 版	牛 28 日，弃奶期 7 日
40	注射用氯唑西林钠	兽药典 2015 版	牛 10 日，弃奶期 2 日
41	注射用硫酸双氢链霉素	兽药国家标准（农业部公告 1960 号）	牛、羊、猪 18 日，弃奶期 72 小时
42	注射用硫酸卡那霉素	兽药典 2015 版	牛、羊、猪 28 日，弃奶期 7 日
43	注射用硫酸链霉素	兽药典 2015 版	牛、羊、猪 18 日，弃奶期 72 小时
44	苯丙酸诺龙注射液	兽药典 2015 版	28 日，弃奶期 7 日
45	苯甲酸雌二醇注射液	兽药典 2015 版	28 日，弃奶期 7 日
46	复方水杨酸钠注射液	兽药国家标准（农业部公告 1960 号）	28 日，弃奶期 7 日
47	复方氨基比林注射液	兽药典 2015 版	28 日，弃奶期 7 日
48	复方磺胺对甲氧嘧啶片	兽药典 2015 版	28 日，弃奶期 7 日
49	复方磺胺对甲氧嘧啶钠注射液	兽药典 2015 版	28 日，弃奶期 7 日
50	复方磺胺甲噁唑片	兽药典 2015 版	28 日，弃奶期 7 日
51	复方磺胺嘧啶钠注射液	兽药典 2015 版	牛、羊 12 日，猪 20 日，弃奶期 48 小时

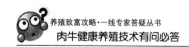
（续）

	兽药名称	执行标准	停药期
52	枸橼酸乙胺嗪片	兽药典 2015 版	28 日，弃奶期 7 日
53	枸橼酸哌嗪片	兽药典 2015 版	牛、羊 28 日，猪 21 日，禽 14 日
54	恩诺沙星注射液	兽药典 2015 版	牛、羊 14 日，猪 10 日，兔 14 日
55	盐酸左旋咪唑片	兽药典 2015 版	牛 2 日，羊 3 日，猪 3 日，禽 28 日
56	盐酸左旋咪唑注射液	兽药典 2015 版	牛 14 日，羊 2、猪、禽 28 日
57	盐酸多西环素片	兽药典 2015 版	牛、羊、猪、禽 28 日
58	盐酸异丙嗪片	兽药典 2015 版	牛、羊、猪 28 日，弃奶期 7 日
59	盐酸异丙嗪注射液	兽药典 2015 版	牛、羊、猪 28 日，弃奶期 7 日
60	盐酸环丙沙星注射液	兽药国家标准（农业部公告 1960 号）	28 日，产蛋鸡禁用
61	盐酸苯海拉明注射液	兽药典 2015 版	牛、羊、猪 28 日，弃奶期 7 日
62	盐酸氯丙嗪片	兽药典 2015 版	28 日，弃奶期 7 日
63	盐酸氯丙嗪注射液	兽药典 2015 版	28 日，弃奶期 7 日
64	盐酸赛拉唑注射液	兽药典 2015 版	28 日，弃奶期 7 日
65	盐酸赛拉嗪注射液	兽药典 2015 版	牛、羊 14 日，鹿 15 日
66	奥芬达唑片（苯亚砜哒唑）	兽药典 2015 版	牛、羊、猪 7 日
67	普鲁卡因青霉素注射液	兽药典 2015 版	牛 10 日，羊 9 日，猪 7 日，弃奶期 48 小时
68	氯氰碘柳胺钠注射液	兽药典 2015 版	牛、羊 28 日，弃奶期 28 日
69	氯硝柳胺片	兽药典 2015 版	牛、羊 28 日，禽 28 日
70	氰戊菊酯溶液	兽药国家标准（农业部公告 1960 号）	28 日

（续）

	兽药名称	执行标准	停药期
71	硝氯酚片	兽药典 2015 版	28 日
72	硫酸卡那霉素注射液（单硫酸盐）	兽药典 2015 版	28 日，弃奶期 7 日
73	硫酸黏菌素预混剂	兽药国家标准（农业部公告 1960 号）	7 日，产蛋期禁用
74	碘醚柳胺混悬液	兽药典 2015 版	牛、羊 60 日
75	精制马拉硫磷溶液	兽药国家标准（农业部公告 1960 号）	28 日
76	精制敌百虫片	兽药国家标准（农业部公告 1960 号）	28 日
77	蝇毒磷溶液	兽药国家标准（农业部公告 1960 号）	28 日
78	醋酸地塞米松片	兽药典 2015 版	马、牛 0 日
79	醋酸泼尼松片	兽药典 2015 版	0 日
80	醋酸氢化可的松注射液	兽药典 2015 版	0 日
81	磺胺二甲嘧啶片	兽药典 2015 版	牛 10 日，猪 15 日，禽 10 日，弃奶期 7 日
82	磺胺二甲嘧啶钠注射液	兽药典 2015 版	28 日，弃奶期 7 日
83	磺胺对甲氧嘧啶，二甲氧苄氨嘧啶片	兽药国家标准（农业部公告 1960 号）	28 日
84	磺胺对甲氧嘧啶、二甲氧苄氨嘧啶预混剂	兽药国家标准（农业部公告 1960 号）	28 日，产蛋期禁用
85	磺胺对甲氧嘧啶片	兽药典 2015 版	28 日
86	磺胺甲噁唑片	兽药典 2015 版	28 日，弃奶期 7 日
87	磺胺间甲氧嘧啶片	兽药典 2015 版	28 日
88	磺胺间甲氧嘧啶钠注射液	兽药典 2015 版	28 日，弃奶期 7 日
89	磺胺脒片	兽药典 2015 版	28 日
90	磺胺嘧啶片	兽药典 2015 版	猪 5 日，牛、羊 28 日，弃奶期 7 日
91	磺胺嘧啶钠注射液	兽药典 2015 版	牛 10 日，羊 18 日，猪 10 日，弃奶期 3 日

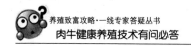
（续）

兽药名称	执行标准	停药期
92 磺胺噻唑片	兽药典 2015 版	28 日，弃奶期 7 日
93 磺胺噻唑钠注射液	兽药典 2015 版	28 日，弃奶期 7 日
94 磷酸左旋咪唑片	兽药典 90 版	牛 2 日，羊 3 日，猪 3 日，禽 28 日，泌乳期禁用
95 磷酸左旋咪唑注射液	兽药典 90 版	牛 14 日，羊 28 日，猪 28 日，泌乳期禁用
96 磷酸哌嗪片（驱蛔灵片）	兽药典 2015 版	牛、羊 28 日、猪 21 日，禽 14 日
97 苄星氯唑西林乳房注入剂	兽药典 2015 版	牛 28 日，弃奶期：产犊后 96 小时
98 氟尼辛葡甲胺注射液	兽药典 2015 版	牛、猪 28 日
99 黄体酮注射液	兽药典 2015 版	30 日
100 酞磺胺噻唑片	兽药典 2015 版	28 日
101 替米考试星注射液	兽药典 2015 版	牛 35 日
102 硫酸庆大霉素注射液	兽药典 2015 版	猪、牛、羊 40 日
103 碘醚柳胺混悬液	兽药典 2015 版	牛、羊 60 日

111. 兽药残留对养殖企业自身有哪些影响？

兽药残留超标不仅有损于动物性食品消费者自身的健康，还增加大众对这些食品的消费恐惧心理，必然会使相关产品的生产和销售受到严重影响，使畜牧业经济受到沉重的打击，如 1998 年香港发生"瘦肉精"中毒事件后，香港地区下令禁止从大陆调入猪肝；2006 年上海市食品药品监管局在市场上销售的多宝鱼中检测出硝基呋喃类、氯霉素、孔雀石绿等残留后，多宝鱼销售市场门庭冷落，各家超市纷纷下架，使相关企业蒙受巨大的经济损失；有时管理部门还须从公众安全的角度出发，不得不将这些产品彻底销毁或屠杀动物，使养殖场（户）血本无归。因此发展养殖一定要控制兽药残留，养殖户不能对兽药残留的控制掉以轻心。

112. 造成兽药残留的原因有哪些?

造成兽药残留的原因主要有以下几个方面:

①个别养殖户法制观念淡薄,盲目追求高额利润,在饲料产品中超剂量添加兽药和其他违禁药品,为非法的兽药、饲料添加剂生产商提供"地下市场"。

②存在兽药使用理念上的误区,把兽药当作是一种促进动物生长、提高经济效益的"灵丹妙药",从而滥用药物。

③配方不合理,缺乏合理用药知识,或者在不知道兽药残留危害的情况下,随意使用饲料药物添加剂。

④不遵守兽药休药期规定,在畜禽出栏前或奶生产过程中继续使用兽药。

⑤动物性食品在生产、加工、储运过程中不慎被兽药污染。

113. 在肉牛养殖中如何控制兽药残留?

(1) 树立正确的兽药使用理念,增加控制兽药残留的自觉性 从药理上来说,任何兽药都具有毒副作用,如果长期无节制使用,都会残留于动物的组织器官及其产品中,对人体健康和生态环境造成危害。在人类崇尚"绿色",对肉、蛋、奶的安全卫生要求越来越高的今天,养殖企业要想在激烈的市场竞争中求得生存和发展的机会,一定要在饲养时重视兽药残留问题,尽量避免使用兽药。首先,树立正确的兽药使用理念,克服兽药在畜牧生产上的使用误区,绝不能以损害人民生命健康为代价来换取企业的发展和经济增长;应把兽药视为一种治疗、预防疾病的生理调节物质,而不应把它当作是一种促进动物生长、提高经济效益的"灵丹妙药",即牛没病时不要乱用药。其次,预防牛病要在选育良种和加强饲养管理上做文章,严格执行消毒和兽医防疫制度,逐渐增强牛体对疾病的抵抗力。只有这样,才能既保护动物健康,又生产出可满足市场需求的动物性产品。

(2) 治病时要避免违章用药 在动物遭受疾病、疫病威胁必须使用兽药时，也要正确使用药物，不要有病乱用药，更不得违章用药。

首先，要禁止使用违禁药物、未批准的药物和可能具有"三致"作用的药物，因为这些药物往往对人体具有直接的毒性作用或致畸、致突变和致癌作用。

中华人民共和国农业部公告第 176 号、193 号和 1519 号分别公布了"禁止在饲料和动物饮用水中使用的药物品种目录"、"食品动物禁用的兽药及其它化合物清单"和"禁止在饲料和动物饮水中使用的物质"，养牛场应当严格遵守（见附录）。

其次，要遵循兽药处方制度，动物有病时应在兽医专业人士的指导下合理使用药物。因为任何疾病诊断错误、用药动物种类不符、用药途径改变、用药剂量不当，都有可能延长药物在动物体内的残留时间或增加残留量。

第三，应做好用药记录，记载动物疾病和药物使用详情，这样对动物性食品的兽药残留监控具有重要意义。此外，患病动物最好隔离治疗，以避免动物接触含药的饲料、污水、粪便、垫草等，造成交叉污染或无意残留。

（3）动物屠宰或产品上市前要严格遵守休药期规定　凡用过兽药、饲料添加剂和其他化学物质的食品动物，均需执行休药期，养殖企业一定要高度重视和认真遵守休药期，在休药期结束前禁止出售、屠宰动物或将其产品上市，更不得在屠宰前用药物掩饰动物的临床症状，以逃避宰前检查。

114. 肉牛允许使用，但需要遵守动物性食品中最高残留限量规定的药物有哪些？

日允许摄入量（ADI）：指人一生中每日从食物或饮水中摄取某种物质而对健康没有明显危害的量，以人体体重为基础计算，单位为微克/（千克·日）。

最高残留限量（MRL）：指对食品动物用药产生残留后，允许存在于食物表面或内部的该兽药的最高量或浓度。一般以食物的鲜重计，单位为微克/千克。

肉牛允许使用但需要遵守动物性食品中最高残留限量规定药物见表 8-2。

表 8-2 肉牛允许使用，但需要遵守动物性食品中最高残留限量规定的药物统计

药物名称	标示残留物	动物种类	靶组织	残留限量（微克/千克）
阿维菌素 ADI：0～2	B_{1a}	牛（泌乳期禁用）	脂肪	100
			肝	100
			肾	50
阿苯达唑 ADI：0～50	阿苯达唑及其 SO_4、SO、NH_2 盐	牛、羊	肌肉	100
			脂肪	100
			肝	5 000
			肾	5 000
			奶	100
双甲脒 ADI：0～3	双甲脒＋2，4-DMA 的总量	牛	脂肪	200
			肝	200
			肾	200
			奶	10
阿莫西林	阿莫西林	所有食品动物	肌肉	50
			脂肪	50
			肝	50
			肾	50
			奶	10
氨苄西林	氨苄西林	所有食品动物	肌肉	50
			脂肪	50
			肝	50
			肾	50
			奶	10
氨丙啉 ADI：0～100	氨丙啉	牛	肌肉	500
			脂肪	2 000
			肝	500
			肾	500

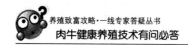

（续）

药物名称	标示残留物	动物种类	靶组织	残留限量
杆菌肽 ADI：0～3.9	杆菌肽	牛、猪、禽	可食组织	500
		牛（乳房注射）	奶	500
苄星青霉素/ 普鲁卡因青霉素 ADI：0～30	苄星青霉素	所有食品动物	肌肉	50
			脂肪	50
			肝	50
			肾	50
			奶	4
倍他米松 ADI：0～0.015	倍他米松	牛、猪	肌肉	0.75
			肝	2.0
			肾	0.75
		牛	奶	0.3
头孢氨苄 ADI：0～54.4	头孢氨苄	牛	肌肉	200
			脂肪	200
			肝	200
			肾	1 000
			奶	100
头孢喹肟 ADI：0～3.8	头孢喹肟	牛	肌肉	50
			脂肪	50
			肝	100
			肾	200
			奶	20
头孢噻呋 ADI：0～50	头孢噻呋	牛、猪	肌肉	1 000
			脂肪	2 000
			肝	2 000
			肾	6 000
		牛	奶	100
克拉维酸 ADI：0～16	克拉维酸	牛、羊	奶	200
		牛、羊、猪	肌肉	100
			脂肪	100
			肝	200
			肾	400

（续）

药物名称	标示残留物	动物种类	靶组织	残留限量
氯羟吡啶	头孢噻呋	牛、羊	肌肉	200
			肝	1 500
			肾	3 000
			奶	20
氯氰碘柳胺 ADI：0～30	氯氰碘柳胺	牛	肌肉	1 000
			脂肪	3 000
			肝	1 000
			肾	3 000
氯唑西林	氯唑西林	所有食品动物	肌肉	300
			脂肪	300
			肝	300
			肾	300
			奶	30
黏菌素 ADI：0～5	黏菌素	牛、羊	奶	50
		牛、羊、猪、 鸡、兔	肌肉	150
			脂肪	150
			肝	150
			肾	200
达氟沙星 ADI：0～20	达氟沙星	牛、绵羊、山羊	肌肉	200
			脂肪	100
			肝	400
			肾	400
			奶	30
溴氰菊酯 ADI：0～10	溴氰菊酯	牛、羊	肌肉	30
			脂肪	500
			肝	50
			肾	50
		牛	奶	30

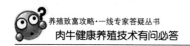
（续）

药物名称	标示残留物	动物种类	靶组织	残留限量
地塞米松 ADI：0～0.015	地塞米松	牛、猪、马	肌肉	0.75
			肝	2
			肾	0.75
		牛	奶	0.3
二嗪农 ADI：0～2	二嗪农	牛、羊	奶	20
		牛、猪、羊	肌肉	20
			脂肪	700
			肝	20
			肾	20
敌敌畏 ADI：0～4	敌敌畏	牛、羊、马	肌肉	20
			脂肪	20
			副产品	20
二氟沙星 ADI：0～10	二氟沙星	牛、羊	肌肉	400
			脂肪	100
			肝	1 400
			肾	800
三氮脒 ADI：0～100	三氮脒	牛	肌肉	500
			肝	12 000
			肾	6 000
			奶	150
多拉菌素 ADI：0～0.5	多拉菌素	牛（泌乳牛禁用）	肌肉	10
			脂肪	150
			肝	100
			肾	30
多西环素 ADI：0～3	多西环素	牛（泌乳牛禁用）	肌肉	100
			肝	300
			肾	600

（续）

药物名称	标示残留物	动物种类	靶组织	残留限量
恩诺沙星 ADI：0～2	恩诺沙星＋ 环丙沙星	牛、羊	肌肉	100
			脂肪	100
			肝	300
			肾	200
			奶	100
红霉素 ADI：0～5	红霉素	所有食品动物	肌肉	200
			脂肪	200
			肝	200
			肾	200
			奶	40
			蛋	150
苯硫氨酯 芬苯达唑 奥芬达唑 ADI：0～7	奥芬达唑的砜 可提取物	牛、马、猪、羊	肌肉	100
			脂肪	100
			肝	500
			肾	100
		牛、羊	奶	100
倍硫磷	倍硫磷及其代谢产物	牛、猪、禽	肌肉	100
			脂肪	100
			副产品	100
氰戊菊酯 ADI：0～20	氰戊菊酯	牛、羊、猪	肌肉	1 000
			脂肪	1 000
			副产品	20
		牛	奶	100
氟苯尼考 ADI：0～3	氟苯尼考胺	牛、羊 （泌乳期禁用）	肌肉	200
			肝	3 000
			肾	300

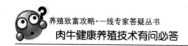

（续）

药物名称	标示残留物	动物种类	靶组织	残留限量
氟甲喹 ADI：0～30	氟甲喹	牛、羊、猪	肌肉	500
			脂肪	1 000
			肝	500
			肾	3 000
			奶	50
氟氯苯氰菊酯 ADI：0～1.8	氟氯苯氰菊酯 （反式 Z 同分异 构体和总量）	牛	肌肉	10
			脂肪	150
			肝	20
			肾	10
			奶	30
氟胺氰菊酯	氟胺氰菊酯	所有动物	肌肉	10
			脂肪	10
			副产品	10
庆大霉素 ADI：0～20	庆大霉素	牛、猪	肌肉	100
			脂肪	100
			肝	2 000
			肾	5 000
		牛	奶	200
溴氢酸常山酮 ADI：0～0.3	常山酮	牛	肌肉	10
			脂肪	25
			肝	30
			肾	30
氨氮菲啶 ADI：0～100	氨氮菲啶	牛	肌肉	100
			脂肪	100
			肝	500
			肾	1 000
			奶	100

（续）

药物名称	标示残留物	动物种类	靶组织	残留限量
伊维菌素 ADI：0～1	伊维菌素 B_{1a}， 即 22，23-双氢阿 维菌素 B_{1a}	牛	肌肉	10
			脂肪	40
			肝	100
			副产品	10
拉沙洛菌素	拉沙洛菌素	牛	肝	700
左旋咪唑 ADI：0～6	左旋咪唑	牛、羊、猪、禽	肌肉	10
			脂肪	10
			肝	100
			肾	10
林可霉素 ADI：0～30	林可霉素	牛、羊、猪、禽	肌肉	100
			脂肪	100
			肝	500
			肾	1 500
		牛、羊	奶	150
马拉硫磷	马拉硫磷	牛、羊、 猪、禽、马	肌肉	4 000
			脂肪	4 000
			副产品	4 000
安乃近 ADI：0-10	4-氨基甲基- 安替比林	牛、猪、马	肌肉	200
			脂肪	200
			肝	200
			肾	200
莫能霉素	莫能霉素	牛、羊	可食组织	50
新霉素 ADI：0～60	新霉素 B 组分	牛、羊、猪、 鸡、火鸡、鸭	肌肉	500
			脂肪	500
			肝	500
			肾	10 000
		牛	奶	500

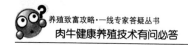

（续）

药物名称	标示残留物	动物种类	靶组织	残留限量
硝碘酚腈 ADI：0～5	硝碘酚腈	牛、羊	肌肉	400
			脂肪	200
			肝	20
			肾	400
苯唑西林	苯唑西林	所有食品动物	肌肉	300
			脂肪	300
			肝	300
			肾	300
			奶	30
噁喹酸 ADI：0～2.5	噁喹酸	牛、猪、鸡	肌肉	100
			脂肪	50
			肝	150
			肾	150
土霉素、金霉素、四环素 ADI：0～30	单个源药或其复合物	所有食品动物	肌肉	100
			肝	300
			肾	600
		牛、羊	奶	100
辛硫磷 ADI：0～4	辛硫磷	牛、猪、羊	肌肉	50
			脂肪	400
			肝	50
			肾	50
		牛	奶	10
碘醚柳胺 ADI：0～2	碘醚柳胺	牛	肌肉	30
			脂肪	30
			肝	10
			肾	40

（续）

药物名称	标示残留物	动物种类	靶组织	残留限量
大观霉素 ADI：0～40	大观霉素	牛、羊、猪、鸡	肌肉	500
			脂肪	2 000
			肝	2 000
			肾	5 000
		牛	奶	200
链霉素、双氢链霉素 ADI：0～50	链霉素＋双氢链 霉素的总量	牛	奶	200
		牛、绵羊、 猪、鸡	肌肉	600
			脂肪	600
			肝	600
			肾	1 000
磺胺类	源药总量	所有食品动物	肌肉	100
			脂肪	100
			肝	100
			肾	100
		牛、羊	奶	100
磺胺二甲嘧啶 ADI：0～50	磺胺二甲嘧啶	牛	奶	25
噻苯咪唑 ADI：0～100	噻苯咪唑＋5-羟基 噻苯咪唑的总量	牛、猪、绵羊、 山羊	肌肉	100
			脂肪	100
			肝	100
			肾	100
		牛、山羊	奶	100
甲砜霉素 ADI：0～5	甲砜霉素	牛、山羊	肌肉	50
			脂肪	50
			肝	50
			肾	50
		牛	奶	50

（续）

药物名称	标示残留物	动物种类	靶组织	残留限量
替米考星 ADI：0～40	替米考星	牛、绵羊	肌肉	100
			脂肪	100
			肝	1 000
			肾	300
敌百虫 ADI：0～20	敌百虫	牛	肌肉	50
			脂肪	50
			肝	50
			肾	50
			奶	50
三氯苯唑 ADI：0～3	三氯苯唑酮	牛	肌肉	200
			脂肪	100
			肝	300
			肾	300
甲氧苄啶 ADI：0～4.2	甲氧苄啶	牛	肌肉	50
			脂肪	50
			肝	50
			肾	50
			奶	50
泰乐菌素 ADI：0～6	泰乐菌素A组分	鸡、火鸡、 猪、牛	肌肉	200
			脂肪	200
			肝	200
			肾	200
		牛	奶	50

115. 允许作肉牛疾病治疗用药，但不得在牛肉中检出的药物有哪些？

见表8-3。

表 8-3 允许作肉牛治疗用，但不得在牛肉中检出的药物统计

药物名称	标示残留物	动物种类	靶组织
氯丙嗪	氯丙嗪	所有食品动物	所有可食组织
地西泮（安定）	地西泮	所有食品动物	所有可食组织
地美硝唑	地美硝唑	所有食品动物	所有可食组织
苯甲酸雌二醇	雌二醇	所有食品动物	所有可食组织
甲硝唑	甲硝唑	所有食品动物	所有可食组织
苯丙酸诺龙	诺龙	所有食品动物	所有可食组织
丙酸睾酮	睾酮	所有食品动物	所有可食组织
塞拉嗪	塞拉嗪	产奶动物	奶

九、计算机在肉牛生产管理中的应用

116. 计算机在牛场实时监控方面有哪些应用？

（1）自动识别系统 在牛场的自动控制系统中，首先要解决自动识别技术。对每一头牛进行识别，则是对牛的全面精细控制的前提。应用电子标签技术，是目前解决识别的最新途径。

电子标志系统在牛的饲养试验中已应用 20 余年，在欧洲已成为技术成果被展示。除企业内部在饲料的自动配给和产量统计方面应用外，还产生了另外一个应用领域，即跨企业的动物标志、疫病及质量控制以及追踪动物的品种。要想达到此目的，必须统一数据传输与编码方法。由 1996 年制定的 ISO11784 和 ISO11785 标准，规定的频率为 134.2 千赫兹，规定使用 FDX 或者是 SEQ 应答器。常见的应答器有项圈、耳牌式应答器、注射式应答器和药丸式应答器。

项圈式应答器能非常容易地从一头牛身上换到另一外一头牛身上。它只允许在企业内部使用，主要应用于散栏式饲养模式下自动饲料配给以及牛奶产量的测定。

耳牌式射频识别应答器的出现对价廉的条形码耳牌发生了竞争。条形码耳牌的缺点是只有将条形码耳牌放到商用条码阅读器旁边，才能识别这些动物。而射频识别耳牌在最大 1 米的距离内即可把数据读出。因此，射频识别耳牌更适用于完全自动化过程。

注射式应答器在近 10 年才开始应用。其原理是利用一个特殊工具将应答器放置到动物的皮下。这样使动物的躯体与应答器之间建立起一个固定的联系，只有通过手术的方式才能取消这种联系。

药丸式应答器是一种非常实用的应答器安装方式。它是把一个应答器安装在一个耐酸的圆柱形外壳内（多数是陶瓷的）。将带有一个传感器的药丸式应答器通过动物的食道放入瘤胃内。一般情况下此应答器将终生停留在瘤胃内。这种方法的优点是简单，而且是在不伤害动物的情况下将应答器放到动物的体内，对动物的应激小。同时，在屠宰场取出药丸应答式时，也比取出注射式应答器简单。

在动物饲养中，注射式应答器和药丸式应答器是不会产生错误的标志方法。两种系统的详细比较显示，粗放式饲养的牛群适用药丸式应答器；而对于集约式饲养的牛群，例如在中欧有些国家所实行的那样，两种系统都适合。

与电子标签相配套的是阅读器。阅读器主要分近距离（10 厘米）和远距离（80 厘米左右）两大类。根据不同的用途可以选择不同的阅读器。电子自动识别系统是牛场解决实时控制的关键部件。它与其他信息技术结合，可延伸出许多控制系统。例如自动分隔系统、奶量自动记录系统、体重自动记录系统、个体补饲自动系统（在群饲条件下）、自动监察发情系统等，这些自动化系统的联合使用，不仅减少了劳动力的使用，而且对肉牛的生产性能测定更加准确，更有助于改进饲养管理水平。

（2）自动分隔系统 如果希望从牛群去选择需要配种的牛和需要注射疫苗的牛，以及需要对牛群进行分群饲养等，都可通过使用自动分隔系统来实现。作为网络节点上的自动分隔系统在接收到计算机发出的指令后，自动分隔系统上的伺服系统便操纵着分隔器的开与关。通过分隔器针对性的开与关，实现对牛群进行的分隔。

（3）体重自动记录系统 传统饲喂方式下，犊牛的日增重多采用磅秤进行称量，而成乳牛多是采用皮尺丈量，然后按照经验公式计算其估测值。这种测量方式的缺点是繁琐与不准确。现在通过电子秤与牛自动识别系统相结合，形成了自动体重记录系统。该系统在设计中采用了连续采样分析技术，牛可在步行通过中进行称重，从而大大提高了称重的准确性与效率。

（4）自动个体补饲系统 在散栏式饲养模式下，采用全混合日粮饲养技术是针对群体的平均值计算肉牛营养的需要，但对高于此平均值的个体则显得采食量不够。自动个体补饲系统的使用，可改善分群饲养的不足之处。计算机在肉牛群体中找出高于平均营养水平需要的牛，并将此信息传递给该肉牛所在牛舍中的自动补饲器，当那些需要补充营养的牛走入自动补饲时，自动补饲器会首先通过阅读器对肉牛身上的电子标签辨别是否需要补饲。一旦确认，投料系统自动打开，按量投料。不属于补饲的肉牛只能获得一点点安慰性的食料，很快就结束采食。

（5）自动监察发情系统　牛的发情一直是依靠人工观察，在散栏式饲养模式下仅仅依靠人工观察容易发生漏配的情况，从而造成牛场的经济损失。自动监察发情系统是利用牛发情期的动作频率提高的特性，采用计步器和项签的原理，制成发情监察器，安置在牛的下肢部或颈部。动作频率不断地通过无线电波发射给计算机，计算机对接收发情的牛输出报告，提供给配种员做进一步诊断。

（6）其他自动化设备　自动清粪设备的工作原理是每天在设定的时间段，定时将粪便由金属制造的刮粪板进行自动刮粪。根据牛粪排泄量的多少调节自动控制设备中的参数，以保持牛舍环境干净。被刮粪板刮出的粪便集中到一起后，再进入粪尿分离设备进行处理。分离后的粪和尿再另作他用。

全自动全混合日粮搅拌与发料车，已经成为计算机网络中的一个移动的工作节点。无线网络技术被广泛应用，全自动的全混合日粮发料车上的无线网卡在接受到计算机发出的指令后，能自动去牛舍进行发料。同时，它也能将信息反馈给计算机，双方进行配合工作。无线网络技术的另一个应用功能是对牛舍中的牛进行录像监控，带有无线网卡的摄像头在牛舍中起到监视牛活动的作用。计算机可根据获得的情况做出处理报告。

牛用自动饮水器是利用牛嘴触动饮水盆内圆形触片，使弹簧下压塑胶球向下移动与内套管脱离，水自动由盆底向上流入盆内，牛可从多方向自由喝水。当牛不喝水时，触片与塑胶球在弹簧的作用下自动回位，切断水源，真正做到牛低头有水喝，抬头无水的状态。牛用自动饮水器的使用要与小型锅炉（或热水器）通过管路相连接，由控制阀使水流入饮水盆内。夏天用自来水管可直接与水箱相连，然后通过管路控制，将水流入饮水盆内，使牛自由饮水。它适用于大、中、小型养牛场，也适用于散养户。自动饮水器解决了养牛业多年来牛冬春季节饮不上温水、自由饮水和饮水自动化的问题，也避免了水资源浪费，节省了人工费用。

自动体表刷拭器具有刷提全角度自由正反旋转、防牛尾缠绕功能、自动停止功能（牛离开自动停止）、节能断电保护功能。刷体采用进口尼龙刷丝制作，耐磨耐用。牛体刷不用时在水平位置，当牛的背部走过时能够向上翘起，自动旋转并有效地给牛清理皮毛。牛体刷有一个新的装置能够使旋转随着牛的不同部位而改变。设备安装在墙面或立柱，操作简单。安装自动体表刷拭器可以自动化按摩梳理牛全身，消除牛体瘙痒，清除体表有害物质（硬痂、粪便、寄生虫、灰尘），促进皮肤呼吸通畅，促进血液循环，使牛舒适，消除牛的烦躁，增加采食量。

117. 计算机在牛场自动管理方面有哪些应用?

利用计算机技术提高企业管理水平，已成为当今世界数字经济中必不可少的手段。牛场应用信息技术在国外早已盛行，目前部分国内企业也已开始使用。

(1) 牛场日常工作的安排 在以往牛场管理工作中，大多是技术管理人员依据肉牛不同生理阶段的需要去安排日常任务，工作量繁重。现在通过计算机自动化管理后，每天牛场的任务就可以一目了然。计算机用几十秒甚至更短的时间就可以完成对1 000头牛的任务安排，打印输出后即可分发到各部门去执行，完成后的任务报告再反馈给计算机，以修正每头牛的进展情况。牛场任务的确定，是依靠在计算机中存放的每一头牛的详细档案，以及牛场在运行计算机软件前，通过人机对话告诉计算机牛场在管理上需要的各种参数，以及相关公牛资料。计算机就是依据这些参数及相关资料，对每头牛进行辨别、运算，最终确定当前任务。所以，收集与跟踪每头在场牛的信息十分重要。

(2) 牛场个体牛的事件管理 牛场信息管理系统十分重要的一件工作，就是把肉牛一生在它身上发生的或产生的一切原始的重要信息采集并记录下来。在牛身上发生的事情用"事件"来描述。比如肉牛从出生、断奶、发情、配种、妊娠、产犊……直到淘汰、离场、死亡等结果,这一切都是在牛身上发生的事件。对这些事件的管理是一个信息事件管理软件的基本功能。在这些功能中,牛从出生命名、牛号,到建立档案(包括照片及系谱资料建立)等,都由计算机自动建立一张基本信息卡。除了基本资料卡外,还有更详细的事件,都需要建立在牛的资料数据库内。资料越详细对牛场的管理也越能做到精细。肉牛数据库保留的是牛身上发生的最原始资料,肉牛事件是肉牛资料库应该收集的重要信息,其中包括照片、断奶、发情、配种、妊娠、复检、验胎等。这一系列的信息都为今后牛群进行整体性能的分析,以及管理上的辅助决策做前期的数据准备。除了重要的事件信息以外,牛场的信息库还应该收集管理上所需要的其他各类信息。如牛场一线员工的相关信息、奶品质方面的信息、牛场各类物资的进、销、存、调信息(如冻精、药品、饲料),每日的环境信息等。这些信息都与管理上的辅助决策有着密切的关系,使辅助管理决策更为精确有效。

(3) 牛场生产管理 采集大量事件信息与辅助管理上的信息,其目的是为了指导生产。肉牛群的月龄、体重、体况、胎次、环境及温度等信息在饲养管理系统中都是必不可少的因素。

①饲养管理与饲料配方:有专门的饲养管理与饲料配方软件。该软件在为肉牛提供饲养生产管理时,首先是在肉牛数据库查询与饲养相关的那些数据,然后再提取饲养方法库中的牛群分群模型,针对整个牛群进行自动分群。计算机会输出牛群分群报告、牛调动报告。饲养员可对牛调动报告中的肉牛进行牛舍调动,同时计算机又逐一对分群后的每一群体套用对应的肉牛饲养标准进行日粮配方。在日粮配方中,计算机还可实现人机互动,技术人员可修正计算机自动计算出的配方,直到这一配方满足某一群体牛的日粮营养需要为止。这样,计算机即可将这一配方输出到全混合日粮发料车或输出给配料间,同时计算机又保存了这次的配方。经过实际饲喂反馈的肉牛生产性能信息,还可验证配方效果和在下次做配方时对某些参数进行修正,直到满意为止。经过几次修正,即可将此配方提升到配方模板库内进行长期保存,以备后用。若有大量的配方模板,也可在配方时立刻调用模

板库里某一牛群的配方模板库内备用。计算机饲养管理软件系统，再配合自动个体补料机即可完成牛场的精细饲养。计算机系统除了以上重要功能外，还可加强饲料仓库的管理。计算机可随时根据库存量的变化输出采购清单，输出推荐优先使用的饲料，输出将到保质期的饲料等。这一切都对企业管理带来极大的方便，提高牛场的管理水平。在此，特别提及的是饲养管理系统一个重要的提示是投入与产出。计算出的配方投入产出是否合理，还需有评估报告。

②繁殖育种：这一环节一般由几大分系统组成。A. 掌握肉牛的系谱资料；B. 公牛的后裔测定详细情况；C. 肉牛的外貌线性鉴定的资料；D. 肉牛的产肉量、肉的质量等指标；E. 肉母牛发情详细情况；F. 配种详细记录等。

在肉牛资料库中记录有每一代牛的系谱关系，十分详细。这样一个系谱档案可为选配提供近交系数指标是否超值、是否可使用该预配公牛的参考。计算机同时记录每头肉牛体型外貌的线性评定结果，这样便于了解牛群需要改良的体型外貌情况，从而可选择适合的公牛冻精来改良肉牛外貌方面存在的缺陷。

③肉牛保健：计算机系统通过监控肉牛体温和体细胞数据的变化，即能了解牛群的健康水平，早发现早治疗。此外，牛场的卫生消毒记录、车辆进出的消毒管理、防疫记录、牛的疾病诊断、牛的病理资料等重要情况，都能通过计算机处理。

现代牛场在生产管理中每个环节逐步被计算机技术渗透，肉牛饲养也将越来越离不开信息技术。

附录一　禁止在饲料和动物饮用水中使用的药物品种目录

I　肾上腺素受体激动剂

1）盐酸克仑特罗（Clenbuterol Hydrochloride）：中华人民共和国药典（以下简称药典）2000 年二部 P605。β2 肾上腺素受体激动药。

2）沙丁胺醇（Salbutamol）：药典 2000 年二部 P316。β2 肾上腺素受体激动药。

3）硫酸沙丁胺醇（Salbutamol Sulfate）：药典 2000 年二部 P870。β2 肾上腺素受体激动药。

4）莱克多巴胺（Ractopamine）：一种 β 兴奋剂，美国食品和药物管理局（FDA）已批准，中国未批准。

5）盐酸多巴胺（Dopamine Hydrochloride）：药典 2000 年二部 P591。多巴胺受体激动药。

6）西马特罗（Cimaterol）：美国氰胺公司开发的产品，一种 β 兴奋剂，FDA 未批准。

7）硫酸特布他林（Terbutaline Sulfate）：药典 2000 年二部 P890。β2 肾上腺受体激动药。

II　性激素

8）己烯雌酚（Diethylstibestrol）：药典 2000 年二部 P42。雌激素类药。

9）雌二醇（Estradiol）：药典 2000 年二部 P1005。雌激素类药。

10）戊酸雌二醇（Estradiol Valerate）：药典 2000 年二部 P124。雌激素类药。

11）苯甲酸雌二醇（Estradiol Benzoate）：药典 2000 年二部

P369。雌激素类药。中华人民共和国兽药典（以下简称兽药典）2000 年版一部 P109。雌激素类药。用于发情不明显动物的催情及胎衣滞留、死胎的排除。

12）氯烯雌醚（Chlorotrianisene）药典 2000 年二部 P919。

13）炔诺醇（Ethinylestradiol）药典 2000 年二部 P422。

14）炔诺醚（Quinestrol）药典 2000 年二部 P424。

15）醋酸氯地孕酮（Chlormadinone acetate）药典 2000 年二部 P1037。

16）左炔诺孕酮（Levonorgestrel）药典 2000 年二部 P107。

17）炔诺酮（Norethisterone）药典 2000 年二部 P420。

18）绒毛膜促性腺激素（绒促性素）（Chorionic Gonadotrophin）：药典 2000 年二部 P534。促性腺激素药。兽药典 2000 年版一部 P146。激素类药。用于性功能障碍、习惯性流产及卵巢囊肿等。

19）促卵泡生长激素（尿促性素主要含卵泡刺激 FSHT 和黄体生成素 LH）（Menotropins）：药典 2000 年二部 P321。促性腺激素类药。

Ⅲ　蛋白同化激素

20）碘化酪蛋白（Iodinated Casein）：蛋白同化激素类，为甲状腺素的前驱物质，具有类似甲状腺素的生理作用。

21）苯丙酸诺龙及苯丙酸诺龙注射液（Nandrolone phenylpropionate）药典 2000 年二部 P365。

Ⅳ　精神药品

22）（盐酸）氯丙嗪（Chlorpromazine Hydrochloride）：药典 2000 年二部 P676。抗精神病药。兽药典 2000 年版一部 P177。镇静药。用于强化麻醉以及使动物安静等。

23）盐酸异丙嗪（Promethazine Hydrochloride）：药典 2000 年二部 P602。抗组胺药。兽药典 2000 年版一部 P164。抗组胺药。用于变态反应性疾病，如荨麻疹、血清病等。

24）安定（地西泮）(Diazepam)：药典 2000 年二部 P214。抗焦虑药、抗惊厥药。兽药典 2000 年版一部 P61。镇静药、抗惊厥药。

25）苯巴比妥（Phenobarbital)：药典 2000 年二部 P362。镇静催眠药、抗惊厥药。兽药典 2000 年版一部 P103。巴比妥类药。缓解脑炎、破伤风、士的宁中毒所致的惊厥。

26）苯巴比妥钠（Phenobarbital Sodium)。兽药典 2000 年版一部 P105。巴比妥类药。缓解脑炎、破伤风、士的宁中毒所致的惊厥。

27）巴比妥（Barbital)：兽药典 2000 年版一部 P27。中枢抑制和增强解热镇痛。

28）异戊巴比妥（Amobarbital)：药典 2000 年二部 P252。催眠药、抗惊厥药。

29）异戊巴比妥钠（Amobarbital Sodium)：兽药典 2000 年版一部 P82。巴比妥类药。用于小动物的镇静、抗惊厥和麻醉。

30）利血平（Reserpine)：药典 2000 年二部 P304。抗高血压药。

31）艾司唑仑（Estazolam)。

32）甲丙氨脂（Meprobamate)。

33）咪达唑仑（Midazolam)。

34）硝西泮（Nitrazepam)。

35）奥沙西泮（Oxazepam)。

36）匹莫林（Pemoline)。

37）三唑仑（Triazolam)。

38）唑吡旦（Zolpidem)。

39）其他国家管制的精神药品。

Ⅴ　各种抗生素滤渣

40）抗生素滤渣：该类物质是抗生素类产品生产过程中产生的工业三废，因含有微量抗生素成分，在饲料和饲养过程中使用后对动物有一定的促生长作用，但对养殖业的危害很大，一是容易引起耐药性，二是由于未做安全性试验，存在各种安全隐患。

附录二 食品动物禁用的兽药及其它化合物清单

序号	兽药及其它化合物名称	禁止用途	禁用动物
1)	β-兴奋剂类：克仑特罗 Clenbuterol、沙丁胺醇 Salbutamol、西马特罗 Cimaterol 及其盐、酯及制剂	所有用途	所有食品动物
2)	性激素类：己烯雌酚 Diethylstilbestrol 及其盐、酯及制剂	所有用途	所有食品动物
3)	具有雌激素样作用的物质：玉米赤霉醇 Zeranol、去甲雄三烯醇酮 Trenbolone、醋酸甲孕酮 Mengestrol，Acetate 及制剂	所有用途	所有食品动物
4)	氯霉素 Chloramphenicol、及其盐、酯（包括：琥珀氯霉素 Chloramphenicol Succinate）及制剂	所有用途	所有食品动物
5)	氨苯砜 Dapsone 及制剂	所有用途	所有食品动物
6)	硝基呋喃类：呋喃唑酮 Furazolidone、呋喃它酮 Furaltadone、呋喃苯烯酸钠 Nifurstyrenate sodium 及制剂	所有用途	所有食品动物
7)	硝基化合物：硝基酚钠 Sodium nitrophenolate、硝呋烯腙 Nitrovin 及制剂	所有用途	所有食品动物
8)	催眠、镇静类：安眠酮 Methaqualone 及制剂	所有用途	所有食品动物
9)	林丹（丙体六六六）Lindane	杀虫剂	所有食品动物
10)	毒杀芬（氯化烯）Camahechlor	杀虫剂、清塘剂	所有食品动物
11)	呋喃丹（克百威）Carbofuran	杀虫剂	所有食品动物
12)	杀虫脒（克死螨）Chlordimeform	杀虫剂	所有食品动物
13)	双甲脒 Amitraz	杀虫剂	水生食品动物
14)	酒石酸锑钾 Antimonypotassiumtartrate	杀虫剂	所有食品动物
15)	锥虫胂胺 Tryparsamide	杀虫剂	所有食品动物

（续）

序号	兽药及其它化合物名称	禁止用途	禁用动物
16)	孔雀石绿 Malachitegreen	抗菌、杀虫剂	所有食品动物
17)	五氯酚酸钠 Pentachlorophenolsodium	杀螺剂	所有食品动物
18)	各种汞制剂包括：氯化亚汞（甘汞）Calomel，硝酸亚汞 Mercurous nitrate、醋酸汞 Mercurous acetate、吡啶基醋酸汞 Pyridyl mercurous acetate	杀虫剂	所有食品动物
19)	性激素类：甲基睾丸酮 Methyltestosterone、丙酸睾酮 Testosterone Propionate、苯丙酸诺龙 Nandrolone Phenylpropionate、苯甲酸雌二醇 Estradiol Benzoate 及其盐、酯及制剂	促生长	所有食品动物
20)	催眠、镇静类：氯丙嗪 Chlorpromazine、地西泮（安定）Diazepam 及其盐、酯及制剂、	促生长	所有食品动物
21)	硝基咪唑类：甲硝唑 Metronidazole、地美硝唑 Dimetronidazole 及其盐、酯及制剂、	促生长	所有食品动物

注：食品动物是指各种供人食用或其产品供人食用的动物

附录三　禁止在饲料和动物饮水中使用的物质

1）苯乙醇胺 A（Phenylethanolamine A）：β-肾上腺素受体激动剂。

2）班布特罗（Bambuterol）：β-肾上腺素受体激动剂。

3）盐酸齐帕特罗（Zilpaterol Hydrochloride）：β-肾上腺素受体激动剂。

4）盐酸氯丙那林（Clorprenaline Hydrochloride）：药典 2010 版二部 P783。β-肾上腺素受体激动剂。

5）马布特罗（Mabuterol）：β-肾上腺素受体激动剂。

6）西布特罗（Cimbuterol）：β-肾上腺素受体激动剂。

7）溴布特罗（Brombuterol）：β-肾上腺素受体激动剂。

8）酒石酸阿福特罗（Arformoterol Tartrate）：长效型 β-肾上腺素受体激动剂。

9）富马酸福莫特罗（Formoterol Fumatrate）：长效型 β-肾上腺素受体激动剂。

10）盐酸可乐定（Clonidine Hydrochloride）：药典 2010 版二部 P645。抗高血压药。

11）盐酸赛庚啶（Cyproheptadine Hydrochloride）：药典 2010 版二部 P803。抗组胺药。

参 考 文 献

曹宁贤，董宽虎，刘强，等.2008.肉牛饲料与饲养新技术［M］.北京：中国
农业科学技术出版社.

韩云霞，冯狗维.2005.高产奶牛养殖技术［M］.北京：人民日报出版社.

黄应祥，刘强，王聪，等.2003.肉牛无公害综合饲养技术［M］.北京：中国
农业出版社.

黄应祥，刘强，王聪，等.2007.肉牛科学养殖入门［M］.北京：中国农业大
学出版社.

黄应祥，张拴林，刘强.1998.图说养牛新技术［M］.北京：科学出版社.

吉进卿，陈涛.2008.养肉牛［M］.郑州：中原农民出版社.

刘强，黄应祥，李建国，等.2007.牛饲料［M］.北京：中国农业大学出版社.

刘强，黄应祥，王聪，等.2004.优质牛肉生产技术问答［M］.北京：中国农
业大学出版社.

刘强.2008.反刍动物营养调控研究［M］.北京：中国农业科学技术出版社.

宋洛文，黄克炎，张聚恒.1997.肉牛繁育新技术［M］.郑州：河南科学技术
出版社.

王聪，黄应祥，刘强，等.2004.优质牛肉生产技术［M］.北京：中国农业大
学出版社.

王聪，刘强，黄应祥，等.2007.肉牛饲养手册［M］.北京：中国农业大学出
版社.

王根林.2006.养牛学［M］.北京：中国农业出版社.

杨效民，李军.2008.牛病类症鉴别与防治［M］.太原：山西科学技术出版社.

Liu Qiang, Dong Changsheng, Li Hongquan, et al. 2009. Effects of feeding
sorghum-sudan, alfalfa hay and fresh alfalfa with concentrate on ruminal
characteristics, digestibility, nitrogen balance and energy metabolism in alpacas
(lama pacos) at low altitude. *Livestock Science*，126 (1-3)：21-27.

Liu Qiang, Wang Cong, Guo Gang, et al. 2009. Effects of calcium propionate on
rumen fermentation, urinary excretion of purine derivatives and feed

digestibility in steers. *Journal of Agricultural Science*, 147 (2): 201-209.

Liu Qiang, Wang Cong, Huang Yingxiang, et al. 2008. Effects of isobutyrate on rumen fermentation, urinary excretion of purine derivatives and digestibility in steers. *Archives of Animal Nutrition*, 62 (5): 377-388.

Liu Qiang, Wang Cong, Huang Yingxiang, et al. 2008. Effects of Lanthanum on rumen fermentation, urinary excretion of purine derivatives and digestibility in steers. *Animal Feed Science and Technology*, 142 (1-2): 121-132.

Liu Qiang, Wang Cong, Huang Yingxiang, et al. 2009. Effects of isovalerate on rumen fermentation, urinary excretion of purine derivatives and digestibility in steers. *Journal of Animal Physiology and Animal Nutrition*, 93 (6): 716-725.

Liu Qiang, Wang Cong, Yang Wenzhu, et al. 2009. Effects of feeding propylene glycol on Dm intake, lactation performance, energy balance and metabolites in early lactation Holstein dairy cows. *Animal*, 3 (10): 1420-1427.

Liu Qiang, Wang Cong, Yang Wenzhu, et al. 2009. Effects of malic Acid on rumen fermentation, urinary excretion of purine derivatives and feed digestibility in steers. *Animal*, 3 (1): 32-39.

Q. Liu, C. Wang, W. Z. Yang, et al. 2009. Effects of isobutyrate on rumen fermentation, lactation performance and plasma Characteristics in dairy cows. *Animal Feed Science and Technology*, 154 (1): 58-67.

Wang Cong, Liu Qiang, Huo Wenjie, et al. 2009. Effects of glycerol on rumen fermentation, urinary excretion of purine derivatives and digestibility in steers. *Livestock Science*, 121 (1): 15-20.

Wang Cong, Liu Qiang, Meng Jie, et al. 2009. Effects of citric acid on rumen fermentation, urinary excretion of purine derivatives and feed digestibility in steers. *Journal of the Science of Food and Agriculture*, 89 (13): 2302-2307.

Wang Cong, Liu Qiang, Yang Wenzhu, et al. 2009. Effects of glycerol on lactation performance, energy balance and metabolites in early lactation Holstein dairy cows. *Animal Feed Science and Technology*, 151 (1-2): 12-20.

Wang Cong, Liu Qiang, Yang Wenzhu, et al. 2009. Effects of selenium-yeast on rumen fermentation, lactation performance, feed digestibilities and blood characteristics in lactating dairy cows. *Livestock Science*, 126 (1-3): 239-244.

Wang Cong, Liu Qiang, Yang Wenzhu, et al. 2009. Effects of malic acid on feed intake, milk yield, milk components and metabolites in early lactation Holstein

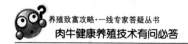
dairy cows. *Livestock Science*，124（1）：182-188.

W. Z. Yang，A. Laarman，M. L. He and Q. Liu. 2009. Effect of rare earth elements on in vitro rumen microbial fermentation and feed digestion. *Animal Feed Science and Technology*，148（2-4）：227-240.